貓咪這樣吃不生病

浴本涼子 著

INTRODUCTION

親手做貓咪鮮食餐，
一起健康又幸福！

我剛成為獸醫時認為：「貓咪或狗狗只能吃飼料」、「生病的話，一定要餵處方飼料」。因此，當有飼主跑來問我：「家中毛小孩生病，又不吃處方飼料怎麼辦？」我都只回答：「請想盡辦法讓牠吃」。

不過在我自己養貓之後，漸漸開始覺得：「應該要餵牠們真正想吃的東西才對呀！」

後來我的愛貓病了，而且還是口腔方面的疾病，讓牠吃飯變成一件很困難的事，但我還是不斷努力嘗試，買了各式各樣的寵物食品，只希望牠願意多吃一點點，也是那時候開始，我萌生了「如果我可以自己做牠能吃的東西該有多好」的念頭。很遺憾，我的愛貓持續和病魔奮鬥幾個月後離開了我。而我下定決心，要親手做毛小孩的餐食，讓未來加入我們家的孩子能夠不挑食，而且即使生病了，也能夠吃到自己喜歡的食物。

第二位來到我們家的毛小孩，是一隻可愛的狗，牠的名字叫權太。雖然才剛下定決心要親手幫狗狗做鮮食餐，但真的要動手時又冒出了許多煩惱：「該怎麼做才能營養均衡？一餐的分量是多少？……」心中充滿不安，遲遲無法踏出第一步。不過，我還是挑戰每餐都做一點鮮食放在飼料上，結果一個月後，權太原本的淚痕和體臭完全消失，甚至連便便都不臭了！不只是我，我們全家人都嚇了一大跳。

權太只要看到我做飯就會非常興奮、高興到幾乎坐不住。看牠津津有味地吃進我精心為牠準備的食物，就像是在對我說著：「太好吃了！」牠每次都會用閃閃發亮的眼神看著我，然後吃得精光，而我看著這樣的權太，不只內心充滿喜悅，也覺得我越來越愛牠了。

我衷心希望有更多飼主能體驗到這種無比的喜悅，於是著手寫下了這本書。

餵家裡的貓咪吃自製鮮食，可以讓牠更健康長壽。不過，萬一材料不好取得，或是作法太難，很快就會想放棄的，因此，本書的食譜都使用平常我們容易取得的食材，也建議從「一湯匙的量」開始試試看，讓貓咪越來越熟悉鮮食。另外，書裡也提供了「分享餐」料理，只要將我們吃的食物在調味上稍作調整，就可以和愛貓一起分享囉。

期盼這本書的出現，能讓那些希望愛貓健康又長壽的飼主們踏出親手做鮮食餐的第一步。如果能讓每隻貓寶貝變得更健康、更幸福，我將感到非常榮幸。

浴本涼子

暖洋洋的被子、悠閒曬曬太陽、
窗外的景色、撫摸我的那隻手。
每天，都有好多好多開心的事……
不過，我最期待的還是吃飯！
非常非常期待，喵～

Prologue

「吃飯囉！」

「牠會喜歡吃什麼呢？」
「今天來挑戰加入蔬菜的料理吧！」
看著牠從小心翼翼地嚐一口到全部吃光光，
那一刻，我心裡的感動難以言喻，
為牠做飯也變成我滿懷期待的事。

每天早上都會被孩子們
吵著要吃飯的叫聲喚醒，
這是貓咪健康的象徵喔。
「好想有牠一起到老啊！」
所以我特別注意牠的飲食，
希望牠能吃得健康、吃得快樂、吃得安心。

Introduction

親手做貓咪鮮食餐，一起健康又幸福！ —— 2

Prologue

「吃飯囉！」 —— 4

對於照料貓咪的飲食感到不安⋯⋯ —— 14

CHAPTER 1　　**自製貓咪鮮食餐的基本概念**

真正對貓咪好的飲食 —— 18

貓咪必須攝取的營養素和食材 —— 20

貓咪的飲食和身體特徵的關係 —— 22

讓貓咪開心幸福的飲食 —— 24

貓咪需要吃鮮食的原因 —— 26

從一湯匙開始嘗試看看 —— 28

column

瀕危動物「對馬山貓」的膳食 —— 30

CHAPTER 2　貓咪健康鮮食餐

貓咪喜歡且適合的食材 —— 32

這些不可以餵貓咪吃！NG 食材 —— 39

以輕鬆的心情開始做鮮食吧 —— 40

貓咪一天要吃多少量呢？ —— 42

製作貓咪鮮食餐的原則＆工具 —— 44

怎麼餵，貓咪才會想吃呢？ —— 50

讓貓咪吃慣自製鮮食的方法 —— 52

recipe

從一湯匙鮮食開始・營養補充品 —— 54
　橄欖油拌綠花椰　54 ／ 芝麻蜂蜜　54
　自製乳酪　54

給牠喝好湯・補給水分與營養的湯 —— 56
　雞湯　56 ／ 小魚乾湯　57 ／ 柴魚湯　57

取代 30%飼料・美味分享餐 —— 60
　奶油香煎鮭魚分享餐　62
　鰹魚生魚片分享餐　63 ／ 蔬菜玉子燒分享餐　63

取代 30%飼料・美味湯泡飯 —— 64
　湯＋乾飼料　64 ／ 肉類＋煮汁＋乾飼料　64
　肉類＋煮汁＋蔬菜＋乾飼料　64

完全取代飼料・100%鮮食餐 —— 66
　什錦雞　67 ／ 鮭魚雜燴粥　68 ／ 雞絞肉炒雙蔬　69

超簡單・貓咪最愛的零食點心 —— 70
　奇異果優格　70 ／ 雞胸肉點心捲　71
　地瓜乳酪小餅乾　72 ／ 香噴噴雞肝泥　73

column
咦？牛蒡貓是什麼貓？ —— 74

CHAPTER 3 　貓咪對症鮮食餐

容易受損的三個器官 —— 76

手作鮮食可預防肥胖 —— 78

配合貓咪年齡調整飲食型態 —— 80

掌握食材的特性與功效 —— 82

以兩週為單位來觀察身體變化 —— 84

recipe 　提供滿滿活力 —— 86
　　　味噌烤鯖魚鮮食餐　87
　　　竹筴魚生魚片鮮食餐　88
　　　鮭魚三色鮮食餐　88
　　　鬆鬆軟軟肉丸子鮮食餐　90
　　　鰤魚生魚片鮮食餐　90

　　預防口腔疾病 —— 92
　　　豬肉雞肝保健鮮食餐／滿足感 UP 牛排丼

　　便秘時 —— 94
　　　雞肉蓮藕燉菜

　　拉肚子時 —— 95
　　　鱈魚芋頭白色鮮食餐

　　腎臟及結石問題 —— 96
　　　親子丼／鮭魚豆腐拌飯

　　肥胖問題 —— 98
　　　鱈魚蔬菜色彩滿滿鮮食餐

　　食欲不佳時 —— 99
　　　蛋花湯

夏日提升食欲 —— 100
黏呼呼潤胃羹湯

冬日暖身暖胃 —— 101
雞肉佐南瓜

老貓食譜 —— 102
雞里肌肉拌豆渣 ／ 鮪魚淋山藥泥

column
我家貓咪的鮮食實況筆記①② —— 104

CHAPTER 4　　讓貓咪保持活力的生活重點

讓貓咪活力滿滿的三大關鍵 —— 108

我的貓咪健康嗎？ —— 110

大便和尿液的觀察重點 —— 112

在家就能幫貓咪做的身體保健 —— 114
經絡穴道按摩 114／淋巴按摩 115
草本植物球按摩 116／貓咪的口腔保健 117

讓貓咪健康長壽的 10 個小祕訣 —— 118

大家都想知道的貓咪鮮食餐 Q&A —— 120

一次看懂貓飼料營養標示 —— 124

食材索引 INDEX —— 125

貓咪可以吃市售寵物食品以外的東西嗎？

貓咪也需要吃營養品嗎？

貓咪可以吃的料理該怎麼準備？

吃乾乾好像會造成水分不足……

可以餵貓咪吃零食點心嗎？

本書的閱讀方法

書中所有的貓咪鮮食食譜設計，都是以體重 4 公斤的健康成貓一天需攝取的分量為準。可參考第 43 頁的「食譜分量換算方式」，配合愛貓的體重來調整製作的分量。完全替換成親手做的貓咪鮮食餐後，請務必確認貓咪的體重、體型及身體狀況喔！

1 大匙＝15ml
1 小匙＝5ml
1 杯＝200ml
少許＝食指與拇指捏起的極少量

本書食譜是以健康的貓咪為對象設計。如果家中的貓咪有生病、正在吃處方飼料等狀況，在開始餵貓咪鮮食餐之前，請務必先和獸醫師討論。即使是健康的貓咪，如果在開始吃鮮食餐後，持續有身體不適的現象，也請一定要帶去給獸醫師診察。

CHAPTER

自製貓咪鮮食餐的基本概念

真正對貓咪好的飲食

每次餵飯時，總是把飼料一股腦倒進碗裡就結束了，
但腦海中又不禁浮起各式各樣的疑問。
「讓牠一輩子都吃一樣的東西，沒關係嗎？」
「會不會缺乏什麼營養呢？」……
在研究貓咪的飲食之前，先從貓咪的習性開始了解吧！

貓咪比狗狗更具野性

　　貓和狗是最常見的寵物，所以常常被我們一視同仁，但牠們其實是完全不同的動物。狗狗早在約 2 萬年前、人類進入狩獵階段後就逐漸成為人類的夥伴，和人類一起生活的資歷可說是十分長久；而貓咪大約是在距今 7 千年前才進入人類的生活，和狗狗相較之下晚了許多。

　　貓咪是在人類的農耕生活階段，才開始與人類的生活有所關聯。因為人類種植的農作物，會吸引老鼠聚集，貓咪被老鼠吸引而來，再加上待在人類身邊，比較能避免被天敵襲擊，抓到老鼠時，人類也會賞自己幾口飯吃，不知不覺間，貓咪逐漸也變得能和人類共同生活了。

配合貓咪的野生習性來做餐

　　貓咪的遺傳因子，據說從其祖先山貓時代以來，幾乎沒有什麼改變，仍然屬於肉食性動物，腸道比人類和狗都要短，唾液中消化澱粉的澱粉酶非常少，所以不擅長消化穀物。因此，對於貓咪來說，最好的飲食方式是愈接近野生時期愈好，也就是以新鮮的肉食為主。

讓貓咪元氣滿滿的 4 大照顧要點

促進血液循環

巡迴全身的血液，具有兩個重要的功能，一是把氧氣或營養送達身體的各個角落；二是把體內的老廢物質排出。貓咪和人類一樣，如果血液循環順暢，身體就會有元氣，如果阻塞不通，身體就會出狀況。

注意身體保暖

中醫理論中的「體寒是萬病之源」，也能夠在貓咪身上得到印證。貓的平均體溫比人類（36℃～37.5℃）稍微高一點，大約是 38℃。當體溫比室溫還低時，血液循環會變差，免疫力也會降低。因此，注意貓咪的身體保暖是很重要的。

攝取充足水分

由於乾飼料的水分含量偏低，約只有10%，只吃乾飼料的貓咪容易有水分不足的問題。貓和人一樣，當攝取水分不足時，尿液濃度就會變高，同時也代表腎臟的負擔增加了。透過讓貓咪吃鮮食，就可以自然提高牠攝取到的水分。

改善腸內環境

貓咪的腸道環境也可以透過手作鮮食改善，攝取新鮮食物、避免油膩和加工食品，都可以幫助貓咪變得健康有活力，如果腸內調理好了，外觀也會改變，例如毛髮會變得亮澤、眼睛也會更炯炯有神。

貓咪必須攝取的營養素和食材

就像人類的主食是碳水化合物，

貓咪的主食則是蛋白質，也就是肉。

究竟貓咪一餐需要吃多少肉呢？

還有哪些營養素是貓咪需要的呢？

一起來一探究竟吧！

貓咪飲食中的重要營養素

即使同為哺乳類，但人類和貓在身體的消化、吸收、代謝上，卻有著大大的不同。例如，貓只要在食物中攝取到足量的蛋白質，就能合成維他命 C，然而，人類無法在體內自行合成維他命 C，必須額外透過食物或錠劑來補充。

另一方面，有些營養素貓咪是無法自行合成的，必須透過食物來獲取。其中很重要的營養素如：協助身體成長的必需胺基酸——牛磺酸、精胺酸，以及作為身體能量來源的脂肪酸——花生四烯酸等。除此之外，貓咪也需要透過攝取肉類來補充菸鹼酸、維他命 A 等，缺乏這些營養素，都會對貓咪身體產生不利的影響。

貓咪飲食中必備的食材

前面提到，比起狗狗，貓咪和人類生活的歷史較短，因此還保留著較多的野性，例如獅子和豹，就是和貓咪同屬於「貓科」的肉食性動物，雖然貓咪的體型小得多，但在飲食中，相較於穀類、油脂、蔬菜，「肉類」才是必須佔最高比例的部分，總之就是「給我肉！」。

貓咪鮮食餐的黃金營養比例

80～90% 魚／肉類

貓咪的最愛,也是貓咪鮮食餐的主要食材。蛋白質在貓咪體內會被分解為胺基酸,是製造細胞、讓貓咪可以健康成長的要素。

10% 蔬菜類

例如花椰菜、南瓜、紅蘿蔔等,是提供維他命或膳食纖維的食材,扮演調整身體狀態的角色。

0～10% 穀類

主要提供碳水化合物(醣類)的食材。但因為貓咪唾液中分解此類營養素的酵素很少,為避免消化不良,在鮮食中的比例很低,但在貓咪腎臟受損時,可以應用這類食材來取代部分肉類。

貓咪必需的 7 大營養素&食物來源

必需胺基酸	①牛磺酸　會影響視力、心臟及肝臟機能,還有預防高血壓、減少膽固醇的功效。 【食材】雞肝、豬肝、竹筴魚、鮪魚(血合肉)、鯖魚(血合肉)、沙丁魚等。 ・血合肉:指在魚骨周圍,顏色偏暗色的肉。 ②精胺酸　可以強化肌肉、促進脂肪代謝,並排除體內多餘的氨。 【食材】雞里肌肉、雞胸肉、豬里肌肉、鯖魚、鮪魚、芝麻、柴魚、魩仔魚等。
必需脂肪酸	③花生四烯酸　有助製造腦細胞,傳遞細胞間的訊息。缺乏時,會導致脂肪肝或食欲不佳、皮膚乾燥無光澤。主要透過攝取動物性蛋白質獲取。 【食材】蛋黃、豬肝、雞肝、雞皮、沙丁魚、羊栖菜、海帶芽等。 ④亞麻油酸　降低膽固醇,維持血管健康。 【食材】植物油、芝麻油、葵花油、芝麻等。 ⑤α-亞麻酸　預防高血壓、過敏。不足時會導致和缺乏花生四烯酸相同的症狀。 【食材】橄欖油、芥花油、葵花油、大豆、黃豆粉等
維他命、礦物質	⑥菸鹼酸　促進代謝、提供身體能量。不足時,會出現皮膚或消化器官、神經系統的障礙,也可能出現口炎或舌炎。 【食材】雞胸肉、豬肉、雞肝、牛肝、牛肉、鯖魚、鰹魚、鮪魚、鰤魚等。 ⑦維他命 A　可修復皮膚、身體黏膜。缺乏時,容易感染傳染病、引起皮膚或眼睛方面的問題。 【食材】雞肝、豬肝、牛肝、南瓜等。

貓咪的飲食和身體特徵的關係

貓和人類的身體構造大不相同。

例如以牙齒來說，人類的臼齒寬大，擅長咀嚼與磨碎；

貓的臼齒則是很尖，主要用於撕裂食物。

因此，自然會有適合貓咪的食物與不適合的食物。

貓咪始終是肉食性動物

　　前面曾提到，貓是肉食性動物。那麼日本從前的「貓飯」，為什麼是指「白飯拌柴魚」呢？一般認為是因為以前的貓咪可以自由進出，即使在家裡吃的是高碳水化合物比例的貓飯，但到了外面就可以獵捕老鼠或小鳥、昆蟲等，增加需要的營養。但是現代的貓，基本上都是待在家裡的，飲食只能仰賴飼主。如果希望貓咪能幸福長壽，就要先對貓咪的身體有所了解。

貓咪不太主動喝水的理由

　　如果想更掌握貓咪的生理需求，可以透過理解貓的祖先的生活環境與型態。被認為是貓咪祖先的非洲山貓，分布在非洲北部等乾燥地帶。經年累月適應了乾燥環境的結果，就是演化為能適應低水分的身體。因此，貓不太會主動喝水，尿的濃度很高。另外，對於貓吃東西似乎都是一點一點地吃，有一說法是因應野外狩獵的需求，因為如果吃太飽，突然有獵物出現在眼前時，會難以快速行動。

和飲食有關的身體特徵

[牙齒]

幾乎是用吞的

人的臼齒是平的，從在口中咀嚼的這一刻，就是消化、吸收的開始。然而貓的臼齒是尖的，主要是把食物撕咬成可以通過喉嚨的大小，基本上就是用吞的。此外，因為貓咪口腔環境為鹼性，如果有定期刷牙，就不容易因食物在口內酸敗而蛀牙，但如果已經生成牙結石，則容易衍生為牙周病。

[汗水]

汗量很少很少

貓也有頂漿分泌腺（大汗腺）和外分泌腺（小汗腺），所以會流汗，但是汗量非常少。人類會大量流汗，因而流失礦物質，所以有補給鹽分的必要，但是貓只需要從吃的肉類中攝取原本含有的鹽分即可，不需要額外補充。

[內臟]

小腸短，
澱粉酶很少

食物的消化、吸收主要在小腸進行。狗的腸道有4公尺長，貓的則只有1.7公尺長，因為貓咪體內能消化碳水化合物的澱粉酶分泌量很少，所以不擅長消化穀類。

[舌頭]

對肉的氣味很敏感

人類位於舌頭的「味蕾」約有 1 萬個，但是貓咪只有 500～800 個，因此相較之下，貓咪的味覺較不敏銳。此外，人類可以感覺到的甜、酸、鹹、苦、鮮這五味之中，貓是感覺不到甜的，但對於腐壞的肉的酸味以及含有蛋白質的食材的味道卻很敏感。

[鼻子]

敏銳度是人的 5～10 倍

雖然不如狗狗，但擁有比人更為敏銳的嗅覺。貓咪的鼻子很短，在牠不吃鮮食或沒有食欲時，可以使用牠可能會感興趣的氣味的食材，抹一點點到牠的鼻子上，試著引誘牠吃看看喔。

讓貓咪開心幸福的飲食

人如果每天都吃微波食品，難免會有空虛感，

但如果吃到喜歡的、美味的食物，就會覺得很開心，

貓咪也是一樣的。

利用多樣、新鮮的食材來為牠準備鮮食料理吧！

不喜歡的一口都不吃，喜歡吃的怎樣都不會膩

　　野生的肉食性動物如果狩獵失敗，就得餓肚子，貓咪因為還留存著這樣的野性，所以即使兩天左右沒進食也沒關係，也因為如此，貓咪是絕不將就的動物，對於不喜歡的食物，連一口都不碰也是很正常的，不過，如果是很喜歡的食物，不管是飼料、罐頭還是鮮食，即使每天都吃，也一樣會吃光光。

對於沒吃過的東西，會忍不住好奇

　　雖然貓咪擁有頑固的一面，但是牠畢竟是好奇心旺盛的動物，對於不知道的東西、沒看過的事物，會小心翼翼地打量、也會忍不住好奇，對於食物會有喜新厭舊的狀況，可能也是源於好奇心。

　　貓咪是否能活得幸福長壽，取決於飼主照顧的方式和態度，其中也包含飲食的部分，如果能成功利用美味營養的鮮食，引起貓咪的興趣，就有機會看見牠眼神發光、望著你喵喵叫吵著吃飯的樣子，是不是很幸福呢？

一次收服貓咪心和胃的 5 個飲食祕訣

① 喜歡的味道

雖然不如狗狗，但貓的嗅覺比人類更優秀。在製作鮮食時，可以撒點貓咪喜歡的柴魚粉、海苔粉等誘惑牠。

② 優質的營養

運用營養價值高、優質的蛋白質，例如低脂肪、新鮮的魚和肉類，讓肚子和心都超滿足。

③ 旺盛的好奇心

貓咪會挑食，但也因為好奇心旺盛，飲食喜好會變來變去，可以利用這一點，讓貓咪嘗試多種食材，雖然是沒見過的食物，但如果貓咪喜歡的話，就會大口大口吃下去，有助於營養均衡。

④ 新鮮的食物

貓對食物的鮮度很敏感。不管是濕食還是乾飼料，當放置過久而影響風味時，貓可能就不願意吃了；而一直放在貓碗裡的東西，更可能被牠打入冷宮。所以，給貓咪的食物越新鮮越好。

⑤ 喜歡的口感

比起狗狗，貓咪似乎更在意入口時的口感。雖然這一點非常主觀，有的貓咪喜歡混合水分和飼料的貓糧，也有的貓是飼料一旦受潮變軟就不吃了，手作鮮食的優點是可以利用不同的食材去變化，試著找到愛貓喜歡的口感吧！

貓咪需要吃鮮食的原因

想試著親手做飯給貓咪吃嗎？

自製鮮食，有著非～常～多的好處。

利用相同食材、和貓咪一起開動，

沒有什麼能比這個更像一家人的感覺了。

貓和人一樣，吃新鮮食物會更健康

每天吃超商便當的人和每天吃新鮮飯菜的人，後者通常比較健康吧？雖然外食也很可口，但是能夠一直吃不膩的，還是家裡熱騰騰的飯。在這一點上，貓咪和人是一樣的。為貓咪做鮮食，可以利用多元、新鮮的食材，依照自家貓咪的喜好來調整，而且因為是自己料理的，免除了人工添加物的疑慮，不只健康，也不容易出現貓咪吃膩的問題。

吃鮮食會對貓咪的身體產生什麼改變？

貓咪開始吃鮮食後，因為自然會攝取多一點水分，所以代謝會變好。代謝機能一提高，短期內眼屎會增加，也有可能出現拉肚子或便秘的狀況，但是身體一旦適應了鮮食後，就會產生好的變化，例如毛髮會產生光澤，或是長期的便秘問題獲得改善，還能夠消除肥胖等，整體而言，貓咪會變得更健康又美麗。

雖然剛接觸鮮食的貓咪，可能會抱持警戒的態度。但是，一旦記住了鮮食的美味，只要飼主一站在廚房，牠就會既期待又興奮，眼巴巴地望著你，這也代表貓咪十分健康有活力哦。

手作鮮食的好處

Good!

◎ 身體變健康、毛色變漂亮

◎ 可以吃到新鮮的食材

◎ 可以吃到符合身體需求或喜好的食物

◎ 降低吃進人工添加物的機會

◎ 能攝取到更多的水分

◎ 增加吃東西的樂趣……等

········· 雖然如此，還是會擔心…… ·········

●貓咪不想吃怎麼辦？ ●鮮食好像容易壞 ●自己做很花時間

●怎麼讓營養均衡？ ●不知道該餵多少量？

●貓咪變得不吃市售寵物食品怎麼辦？

本書接下來的內容，會為你消除所有的擔憂。

從一湯匙開始嘗試看看

雖然想開始嘗試自己製做貓咪鮮食餐，

但如果要立刻 100％取代飼料或罐頭，

不僅難度很高，而且也會擔心牠能吃得習慣嗎？

沒關係的，從少少的一湯匙開始試試看就好。

貓剛開始興趣缺缺是正常的

雖然也會因貓而異，但是貓基本上還是謹慎的動物，不管飼主做了多～麼好吃的鮮食餐，也不要太期待牠會立刻朝貓碗飛奔過來，不過，這才是貓吧？貓是很有自己的步調的。

此外，別把快樂的放飯時間搞砸了，貓咪吃飯的時候，請不要一直盯著牠看，牠會因此感受到壓力而無法好好進食。雖然也有一開始就大口大口吃得津津有味的貓咪，但大多數的孩子都需要你多一點耐心，請慢慢掌握牠的鮮食喜好吧。

從少少的一湯匙開始

事實上，也沒有必要從一開始就替換為100％的鮮食餐。試著在平常吃的乾飼料上面淋上自製的湯，或是用湯來取代零食，先給牠一湯匙舔舔看，或是先從一個禮拜餵一次鮮食餐開始，自然地觀察牠的反應吧。

還有一個可以嘗試的方法是，當你在吃飯的時候，如果有引起牠興趣的料理，如果不是太鹹或太油膩的話，可以從裡頭分一點點出來，放在乾飼料或濕食上面當配料也可以。讓牠一點一點地發現除了市售食品以外，還有其他好吃的東西呢。

從一湯匙開始的貓咪鮮食餐

① 起初只給一湯匙就好

即使剛開始不是給貓咪100％鮮食也沒關係。試著從只舔一口就結束、一湯匙左右的分量開始吧！
⇒P.54

② 放一點點在飼料上

在平常吃的乾飼料或濕食上，試著放上少量的鮮食、當成配料來餵餵看吧！配料的食材尺寸，以和其他一起吃的食物差不多大小為準。比起蔬菜，請優先選擇貓咪喜歡的魚或肉類，記得除了新鮮生魚片以外，其他食物都必須加熱過、冷卻至人體的溫度才能給貓咪吃喔！
⇒P.64

③ 主僕共餐很 OK

並不需要特地為貓咪從零開始準備鮮食餐，只要從我們平常吃的菜和肉中，在調味前，先取一點點來製作貓咪鮮食就可以。不過請特別注意，不要混入貓咪不能吃的食材。
⇒P.39、P.60

④ 當作期間限定餐

先設定個三天，或是一個星期的期限，來嘗試自製鮮食吧。偶爾餵貓咪自製鮮食餐，就能夠讓貓咪逐漸習慣其他形式、口感的食物。

⑤ 喜歡的食物是什麼？

把一點點鮮食作為配料、加在飼料上，慢慢找到貓咪喜歡的食材吧。如果有牠感興趣的東西，就先以那個食材為主來自製鮮食餐。一陣子之後，再試著以和那個食材的味道或口感相似的其他食材來嘗試，貓咪一定會賞光的。

野貓原來會吃馬肉？

瀕危動物「對馬山貓」的膳食

in 井之頭自然文化園

「對馬山貓」是分布於日本對馬島的石虎亞種，
也是瀕臨絕種的哺乳動物，日本僅存百隻左右。

　　在日本東京的井之頭自然文化園中的對馬山貓一天吃一餐，這一餐的內容，每天的安排會略有不同。一週裡，有4天餵「馬肉（或雞肉）150g＋50g的雞頭3至4個」；有2天只餵馬肉；有1天只餵老鼠（鼷鼠）4至5隻。其中，馬肉屬於紅肉，對貓咪而言是優質的肉類，雞頭的骨頭則是很好的鈣質補充來源。不過，由於馬肉和雞頭都是冷凍後再解凍的食物，其中的維他命會被破壞，因此，也會餵沒有冷凍過的老鼠（鼷鼠）來幫牠補充維他命。新鮮的老鼠對對馬山貓而言非常有吸引力，據說和馬肉擺在一起時，牠會毫不猶豫先吃老鼠。此外，園方在對馬山貓身體狀況不佳時，也會先餵老鼠。

　　母對馬山貓一週約需要攝取1784kcal。即使是冬天，也不需要把食物弄熱才餵食。

　　牠們沒有刷牙的習慣，和一般貓咪相同的是，也有罹患腎臟疾病的風險，所以對於高齡者，園方會提供強化腎臟機能的貓罐頭。

園區內種植了細竹，有取代「貓草」的作用。

馬肉 150g ┈┈　┈┈ 雞頭 4 個（母山貓則餵 3 個）

對馬山貓的一日膳食內容。

這隻名為 Yuzuki 的對馬山貓，是在 2014 年於井之頭自然文化園出生的。

照片提供／井之頭自然文化園

貓咪健康鮮食餐

貓咪喜歡且適合的食材

以下推薦的貓咪鮮食餐食材，

都是貓咪特別喜歡、適合攝取，

而且在市場或超市就能購得的食材，

那麼，就以為家人做飯般的心情，簡單地開始吧。

從人吃的食材中，挪一點點給貓咪

　　稍微看一下後面的食譜內容就會發現，不管哪一道餐點，都和人類吃的東西很接近。實際上，正是如此，如果要說貓咪鮮食餐有哪裡不同，大概就是沒有使用鹽、醬油或糖等調味料而已。所以，只要將我們要吃的食物，在調味前先挪出一小部分，並把握貓咪最適合的營養配比（P.21）去製作就可以，而且因為作法非常簡單，所以要維持這個習慣也會容易得多。

使用各種食材，保持營養均衡

　　剛開始在挑選食材時，會感到困惑吧？這時，除了可以參考前面列出的營養素對應食材（P.21），以及避開絕對不能給貓咪吃的食材（P.39）之外，接下來會列出更多貓咪喜歡的食材，以及其中包含哪些關鍵營養素、適合的烹調方式等。

　　另外要把握一個基本的原則是，不要持續餵貓咪吃同一種食材。不管是對身體多好的東西，如果只用單一食材，會因為缺乏其他營養素而對身體造成傷害，藉由利用多樣而豐富的食材，守護貓咪的健康吧！

最適合貓咪吃的
蛋白質來源
肉類

貓咪鮮食餐裡，至少 80％必須是動物性蛋白質，因此，肉類自然成為貓咪的主食首選，除了可提供貓咪必需胺基酸中的牛磺酸，以及必需脂肪酸中的的花生四烯酸、菸鹼酸之外，記得選擇合適的部位、去除多餘脂肪，再切成貓咪的一口大小。

雞里肌肉

鮮食餐的必備食材之一。低脂肪、低卡路里，因此也很適合老貓食用。不過因為富含磷，所以若是貓咪腎臟出現問題時，以雞腿肉替代較佳。不去筋、直接調理也OK。可以切成一口大小，或是整塊加熱後再撕碎給貓咪吃。

雞胸肉

在雞肉中，僅次於雞里肌肉的低脂肪部位，對於貓咪而言較清淡爽口。和雞里肌肉一樣，因為磷含量高，腎臟出現問題的貓咪要少吃。將雞皮去除，可以避免攝取過多熱量。適合切成一口大小餵食。

雞腿肉

含有豐富的維他命 A，和雞里肌肉或雞胸肉相比，含磷量較低，因此腎臟不好的貓咪也能安心食用。口感稍硬、味道和香氣較足，記得去除多餘脂肪之後再餵給貓咪哦。

雞肝

很受貓咪歡迎的食材。富含維他命 A、礦物質、菸鹼酸。由於大小適中，很容易處理，只要把血塊或筋去掉即可。不過，攝取過多維他命 A 會造成貓咪嘔吐或拉肚子，建議一週食用一次。

豬里肌肉

富含菸鹼酸，其中的脂肪是鮮味的來源，有些貓咪非常喜愛。只要貓咪沒有體重過重問題，不去除脂肪也可以，以貓咪的一口大小，或是更小的、約1cm 的小丁來餵食吧。

牛腿肉

屬於紅肉，是優質的蛋白質來源。腿肉屬於脂肪較低的部位，且含有豐富的鐵、鋅等礦物質與菸鹼酸。筋多的部分用菜刀輕輕劃幾刀、厚一點的可切成一口大小，或約 1cm 小丁狀。

最適合貓咪吃的
蛋白質來源

魚類

魚肉除了具備肉類的營養外，還具有溫熱身體的作用。為了確保食用安全，除了可直接做成生魚片的生食級魚肉之外，其餘的魚肉，一定要去除內臟、骨頭、並且確實加熱過。如果是以壓力鍋熬煮，已經軟化的骨頭是可以餵給貓咪的，趁機補充鈣質。

鱈魚

因為含有豐富蛋白質、牛磺酸，且脂肪少、卡路里較低，是胃腸機能不好的貓、幼貓（出生後～6個月左右的貓咪）、老貓的好選擇。記得選用未調味過的生鱈魚，整個切片水煮或清蒸能降低營養流失，煮熟後再弄碎餵給貓咪。

鮭魚

注意要選用生鮭魚，而非鹽漬或煙燻鮭魚，乾煎或烤熟後趁熱弄碎給貓咪吃。鮭魚含有能讓血液變乾淨的 EPA 和維持腦細胞活力的 DHA、維他命 A 與菸鹼酸，也有溫熱胃腸的作用。

鮪魚

是富含蛋白質、礦物質和菸鹼酸的紅肉魚。其血合肉部位（魚骨周圍呈暗色的肉）則含有豐富的維他命A、鐵、牛磺酸、EPA、DHA。如果魚肉鮮度夠，可以把生魚肉切成貓咪一口大小。若是熟食，整塊直接食用或切成適當大小、弄碎等都可以。

竹筴魚

竹筴魚含有豐富的牛磺酸和 EPA。烤過的竹筴魚香氣四溢，貓咪通常會賞光。記得把內臟拿掉、骨頭弄碎再給貓咪吃，還能補充鈣質，生魚片用的就直接切成一口大小即可。

鰹魚

要餵貓生鰹魚肉時，只要切成一口大小即可；熟食的話，不論是整塊食用、切成適當大小、弄碎都可以。血合肉部位含有的營養素和鮪魚差不多。

餵食生魚肉時要留意！

生魚肉裡頭含有會引起維他命 B₁ 缺乏症的酵素。即使吃生食較符合貓原始的飲食，仍然要避免大量或長期餵食生魚肉。另外，魚皮因為含有滿滿的營養，和雞皮不同，不需要特別去除喔。

其他的
優質蛋白質

還有許多貓咪喜歡吃、又是優良蛋白質來源的食材，其中柴魚和小魚乾更是讓鮮食餐錦上添花的好幫手。可參考 P.50-53 的餵食重點，如果發現會讓貓咪飛奔而來的食材，請一定要好好筆記下來，下次做鮮食時也會更有成就感。

蛋

生蛋白含有的酵素，可能會引起貓咪皮膚炎或結膜炎，所以一定要煮熟後再餵。蛋的優質蛋白質，可以預防貓咪動脈硬化，還能強化牠們的肝臟與心臟機能。

絞肉

絞肉是所有的貓咪都適合食用的食材，不限於豬絞肉，用雞、牛、魚絞肉也可以，不僅容易煮熟，也好入口，直接加熱後餵食，或做成丸子形狀來餵都 OK。

羔羊肉

羔羊是指出生後未滿 12 個月的羊。雖然本書未收錄羊肉料理，但羊肉也是貓咪喜歡的肉類，不僅礦物質豐富，有降低膽固醇、預防動脈硬化或血栓的效果。

鰤魚（青魽）

富含維他命A、菸鹼酸、DHA 和 EPA。因為脂肪含量比鮭魚、鮪魚等都高，所以要控制食用頻率，以免造成貓咪身體負擔。整片烤熟弄碎來餵，若是生魚片，切成貓咪一口大小即可。

鯖魚

富含 EPA 和 DHA，是貓罐頭中超級常見的食材。自製鮮食時，可以選擇沒有加鹽的罐頭鯖魚，如果是購買生魚，一定要注意鮮度，並且充分加熱後再給貓咪吃。

干貝

含有豐富牛磺酸，但是要注意食用方式，生食可能會造成貓咪急性維他命 B_1 缺乏症，因此一定要加熱後再餵食。貝類如扇貝、鮑魚、蠑螺、九孔的裙邊及內臟也都不能給貓咪食用（p.39）。

柴魚

家裡可以備一包柴魚片，不只可以做高湯，還可以當成配料，點綴在各種貓鮮食中，提高貓咪的食欲。柴魚不僅富含蛋白質，也含有貓咪必須的營養素牛磺酸。

小魚乾

含有貓咪必須的脂肪酸——α-亞麻酸與鈣質，前者有抑制膽固醇的功能，後者則有助於貓咪的骨骼和牙齒保健。小魚乾粉很適合製作高湯或作為鮮食餐的配料，完整一條的小魚乾則是貓咪喜歡的零食。記得選購無添加的產品。

豆腐、豆渣

豆腐的蛋白質容易被身體吸收，其中的亞麻油酸可預防動脈硬化，卵磷脂則能讓血液變乾淨。豆渣有豐富的鈣質和膳食纖維。不過，由於豆類會讓體溫下降，建議加熱後再餵食。

Point

用乳酪或優格來代替牛奶！
由於貓咪不容易消化牛奶中的乳糖，所以給貓咪喝牛奶，可能會造成牠拉肚子。在奶類的營養攝取上，建議用乳糖成分已經被分解的卡特基起司（cottage cheese，又稱茅屋起司，自製起司見 P.54）或優格來取代牛奶，卡特基起司具有高蛋白、低卡路里的優點，可以安心給貓咪吃。

貓咪喜歡的
蔬菜類

蔬菜只需佔一日飲食分量的10％，但是蔬菜除了能提供豐富的維他命和礦物質，還能補充膳食纖維，協助調整貓咪的腸道環境，對毛球症也有效果。處理原則是煮軟後，再切細碎或磨碎餵給貓咪。除此之外，寒涼性的蔬菜都建議搭配溫性食材運用（P.83）。

南瓜

屬於溫性食材，能促進血液循環之外，也富含能夠抗氧化的維他命C和β-胡蘿蔔素，有強化體內黏膜、提高免疫力的功效。膳食纖維豐富的南瓜，很適合連皮一起食用，可以用電鍋蒸軟後，切碎或壓成泥狀餵給貓咪。

花椰菜

是貓咪喜歡的蔬菜之一，同樣含有可以增強免疫力的β-胡蘿蔔素。不僅可食用花穗部分，將花椰菜的莖切細碎後煮軟，也是可以給貓咪吃的。

紅蘿蔔

紅蘿蔔中的β-胡蘿蔔素含量是蔬菜中的冠軍。比起芯，靠近皮的部分更營養，和南瓜一樣是抗氧化力高、適合煮軟後連皮吃的食材。也可以讓貓咪吃生的紅蘿蔔泥，記得磨泥前清洗乾淨即可。

小松菜

不含草酸，所以不必汆燙去澀味，只要撕碎或切碎，就可以讓貓直接生食，非常方便。含有豐富的維他命C、β-胡蘿蔔素、鈣、鉀、鐵。

山藥

是所謂「黏呼呼」的蔬菜，其中的水溶性膳食纖維、黏液，分別可以協助活化貓咪腸道的有益菌以及強化胃黏膜，整體而言，對消化系統很有幫助。生的磨泥，或是加熱後再切成一口大小、壓成泥狀給貓咪吃都可以。

白蘿蔔

生的白蘿蔔磨泥後，會生成名為「異硫氰酸酯」的成分，有辛辣味，且具有殺菌、增進食慾以及提高免疫力的效果，適合消化不良的貓咪食用。生蘿蔔屬於涼性食材，但加熱後就會變成溫性的，可以依搭配的食材來決定給貓咪生食或熟食。

小黃瓜

小黃瓜含有大量的水分、鉀，具有將體內老廢物質及多餘鹽分排出的功能。屬性寒涼，很適合作為夏日的貓咪鮮食食材，可以磨泥或是切成碎末再餵食。

菇類

含有豐富的 β-葡聚糖、菸鹼酸和纖維質。由於偏寒性，原則是要切成碎末、煮熟後再給貓咪食用，以避免生食引起貓咪過敏反應。

蕪菁

含有豐富的 β-葡聚糖，可以提高貓咪的免疫力，葉子部分含有比小松菜更高的鈣質，其根部的水分多且軟，能快速煮熟。除此之外，生蕪菁磨泥不像生蘿蔔泥那麼寒，是很優秀的食材。

地瓜、芋頭

地瓜含有非水溶性膳食纖維，芋頭則含有黏性蛋白，可以保護胃部黏膜，兩種食材都有緩解貓咪便秘、幫助消化的功能。但要注意地瓜的糖分高，要避免餵過量造成貓咪發胖。

菠菜

菠菜含有豐富的鐵質，可以預防貧血。由於生的菠菜含有的草酸濃度高，會促進尿道結石，必須經過汆燙、切碎或磨碎再給貓咪吃。已有結石問題的貓咪則不宜食用。

有甲狀腺疾病的貓，要遠離十字花科蔬菜！

位於貓喉嚨附近的甲狀腺，其功能和新陳代謝有關。十字花科蔬菜含有碘，會影響甲狀腺的機能，因此甲狀腺異常的貓咪要避免食用，例如小松菜、花椰菜、白蘿蔔等。

其他食材

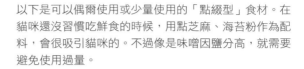

以下是可以偶爾使用或少量使用的「點綴型」食材。在貓咪還沒習慣吃鮮食的時候，用點芝麻、海苔粉作為配料，會很吸引貓咪的。不過像是味噌因鹽分高，就需要避免使用過量。

芝麻粉

芝麻具有抗老功效的食材，富含鐵、鈣、維他命 E、不飽和脂肪酸等。本身容易氧化，建議在使用前再磨粉給貓咪吃，也比較容易被身體消化和吸收。

海苔粉

帶有海味的食物粉末，很能促進貓咪的食慾，在鮮食餐上頭撒一點點，往往能成功引誘貓咪進食。海苔富含礦物質、維他命 A，屬於涼性食材，適合和溫性食材組合運用。

羊栖菜（鹿尾菜）

有助預防貓咪便秘，是低卡路里又富含膳食纖維、維他命 A，以及鉀、鈣、磷、鐵等礦物質的食材。超市買到的羊栖菜屬於乾貨類，必須先泡水還原，稍微水煮後切細碎再給貓咪吃。

蜂蜜

蜂蜜有消除疲勞及殺菌的效果。但要注意不宜給幼貓食用，因為幼貓的消化系統尚未發育成熟，食用蜂蜜可能會造成肉毒桿菌中毒。

味噌

是能改善貓咪腸胃道環境、促進消化的食材，不過因為鹽分很高，建議一天的攝取量約挖耳勺 1 勺左右的量即可。以米或麥製成的味噌都可以使用，選擇不含添加物的產品為優先。

薑

薑具有溫熱身體、促進血液循環、增進食慾及抗菌殺菌的效果。由於每天的用量很少，建議購買已經磨成粉狀的「薑黃粉」或「純薑粉」，會方便許多。

Point

碳水化合物只需佔一日飲食分量10%以下！
貓雖然不太能吃碳水化合物（以穀類為主），但是並不是完全不能消化吸收的。由於在消化蛋白質時，會產生含氮廢物，並透過腎臟排除，如果是腎臟機能受損的貓咪，會視情況需要改為低蛋白飲食。而為了補充缺少的熱量，就可以用碳水化合物取代部分的蛋白質。

這些不可以餵貓咪吃！
NG 食材

這是準備鮮食餐的你務必具備的知識，
有的食材即使對人或狗狗無害，但給貓咪吃就是大忌。
在為貓咪準備料理前，請務必先看過這一頁的內容。

除了下面列舉的食材，也有在一般情況下不會出現問題，但有的貓咪卻會出現中毒或過敏反應的食材。所以，在餵新的食材時，若是發現牠似乎有不舒服的狀況（如嘔吐、拉肚子、失去食欲等），就帶著貓咪去看獸醫吧！另外，有部分花朵或觀葉植物對貓咪而言具有危險性，請留意不要讓牠誤食了！

長蔥、洋蔥、韭菜等蔥屬植物

蔥屬植物含有硫化合物，會破壞貓咪的紅血球、造成貧血。而且硫化合物即使經過加熱也不會受到破壞，所以即使是取汁或湯來食用也不行，即使只吃進少量，也可能造成貓咪的生命危險。

鮑魚、蠑螺、九孔的裙邊及內臟

這些海鮮裡，含有貓咪食用後，若曬到陽光就會引起皮膚發癢或紅腫的物質。尤其在毛比較少的耳朵部位，甚至會讓貓咪因搔癢抓破皮，進而引起皮膚發炎。

生花枝、生章魚

生的花枝或章魚，都含有一種名為硫胺素酶的酵素，會引起急性維他命 B_1 缺乏症，所以有「貓咪吃了花枝就會站不起來」的說法。

巧克力、咖啡、紅茶、綠茶

巧克力含有咖啡鹼，而咖啡、紅茶、綠茶含有咖啡因，都會刺激貓咪的心臟與中樞神經，可能引起血壓上升、心律不整或痙攣等情況，甚至有致死的可能，請一定要避免。

生的馬鈴薯

含有茄鹼，在發芽或變綠的部位含量特別多，此種生物鹼對貓咪和人都會產生危險性，可能引起腹痛、嘔吐。此外，馬鈴薯的花或葉也不適合貓咪食用。

蘆薈

蘆薈的汁液具有會導致貓咪拉肚子、體溫低下的物質。雖然不一定會立即產生危險，但並不適合貓咪食用，即使是栽種在盆栽中，也有被貓咪誤食的風險，請特別注意。

以輕鬆的心情開始做鮮食吧

讓愛貓吃手作鮮食的好處實在太多了，

能確保食物新鮮、儘量避免添加物，

還能讓貓咪補充水分、營養均衡等等，

但目的不是要貓咪完全不吃市售飼料哦！

請以為貓咪著想、自己也能輕鬆準備的心情開始吧。

牠願意吃就很棒了

　　貓咪是很謹慎小心的動物，所以對食材的變化也很敏感。據說，貓咪吃什麼、不吃什麼，在幼貓時期就已經決定了，在離乳期沒吃過的東西，日後可能也不太願意「吃吃看」。可能會發生當你把親手做的鮮食餐放在碗中時，貓咪卻沒有注意到那是食物的狀況，有的還會做出撥砂般的反應。因此，請抱持著「貓咪願意試試看，真的很幸運」的想法，輕鬆開始才不會有壓力喔。

重點是讓貓咪不挑食

　　不必認定市售的食品都不 OK，所以非得全部換成 100％手作鮮食不可。當我們沒空先做好鮮食，或者必須好幾天不在家的時候，如果要求協助照顧貓咪的人每餐都提供手作鮮食，會有難度吧？考量到難免會有「不得已」的情況，如果貓咪對於乾飼料、濕罐頭、手作鮮食都不排斥，在飲食上保有彈性，反而能更長壽。

　　所以，不必把親手做鮮食餐看得太過艱難，每隻貓咪都會有適合的飲食方法，我們只要試著拓展貓咪可以接受的飲食形式、食材，從做一點點鮮食開始嘗試就好。

親手做鮮食餐・4 個好的心態

① 牠肯吃，好幸運

貓咪對於在離乳期沒有吃過的食物，日後會比較難以接受。我想在轉食期（從飼料、罐頭→手作鮮食）的貓咪，大概也不是幼貓了吧？儘管如此，請以「貓咪肯吃耶，好幸運」的態度，一點一點、有耐心地持續製作鮮食吧。

② 即使不是按照食譜的食材也 OK

本書的食譜，是考慮到食材的功能來組合、設計的，但是不完全按照食譜也沒關係，例如把「豬肉＋彩椒」換成「豬肉＋蕪菁」也 OK。最重要的是跨出為貓咪製作鮮食餐的第一步，觀察貓咪感興趣的食材，會讓這一步更容易一些。

③ 不要讓貓咪討厭市售飼料

就算開始自製貓咪鮮食餐，也不需要完全停餵市售的乾飼料或濕食。有時因故會需要把貓咪託人照顧、或無論如何沒辦法餵鮮食的日子，當貓咪能接受的飲食方式過於單一，飼主也會很傷腦筋的，所以也請為自己留一條後路吧。

④ 若能保持均衡，營養就不會失衡

想想自己會每餐都計算吃進的營養素嗎？是不是太嚴苛了呢？貓的一日攝取營養黃金比例為「肉、魚類：蔬菜類：穀類」＝「80～90％：10％：0～10％」。大致按照這個比例去準備餐食就可以。是不是頓時輕鬆起來了呢？

貓咪一天要吃多少量呢？

要開始製作鮮食餐了，

不過到底要餵貓咪吃多少呢？

本書的食譜是以體重 4 公斤成貓一天的食量來設計的，

以家裡愛貓的體重，來換算相對應的分量就可以囉。

一邊觀察體型、一邊調整餵食量

貓咪和人一樣，如果攝取的熱量超過消耗量，就會變胖，反之，當熱量不足就會變瘦，或是失去活力。不過，如果要計算貓咪每一餐的卡路里，光想就覺得有點頭痛吧？因此，我建議飼主不妨以「兩週」為單位，一邊觀察貓咪的體型和身體狀況（參考 P.79、84），一邊調整鮮食的量。

以 4 公斤成貓的攝取量來換算

本書的食譜是以體重 4 公斤成貓一天的飲食攝取量來設計的。如果家裡的貓咪體重比 4 公斤重，例如是 6 公斤時，就將本書食譜的分量乘以 1.5 倍（6÷4=1.5）；如果比 4 公斤輕，例如是 3 公斤時，則將食譜分量乘以 0.75 倍（3÷4=0.75）即可，依此類推。不過，還要考量貓咪的體型以及當天的身體狀況，如果貓咪已經有過胖或過瘦的情形（P.79），則要以理想體型來設定餵食的分量，如果發現貓咪失去活力，也有可能是今天餵得太少了。「牠今天的身體狀況如何呢？」像這樣，每天都要稍微觀察一下。

為自家貓咪量身訂做的膳食分量

以最下方的算式來
增減餵食量

瞭解愛貓的理想體重範圍
（P.79）之後，就以下面的方
法來推算出食譜材料的分量，
基本上以 8:1:1 的原則來分配
「肉或魚、蔬菜、澱粉」的量
就好。

以一天餵幾餐來換算

本書的食譜都是以 4kg 的
健康成貓一天的分量來設計
的。如果家裡一天吃兩餐，
一餐就餵一半的量。

以 2 週為基準來觀察體型變化

吃的東西改變，貓的體
型就會出現變化。以每
天吃飯的樣子或吃的分
量為參考，以兩個禮拜
的期間，觀察體重的增
減、身體狀況等，來逐
步調整膳食的分量。

食譜分量換算方式

本書的每一則食譜，都是貓咪一整天的飲食攝取量，而不是一餐喔，並且是以體重 4kg 的健
康成貓為基準來設計的。所以，要換算成自家愛貓的攝取量時，先把總分量除以 4，算出每
1kg 體重的分量之後，再乘以愛貓的體重。如果你的貓咪體重是 6kg，因為是 4kg 的貓的 1.5
倍，所以要準備本書食譜分量的 1.5 倍。材料增減時，可以忽略小數點以下的公克數。

◎本書食譜為體重 4 公斤成貓一天的食物量，請除以 4 之後，再乘以您
的貓咪的體重（公斤），就是您的貓咪一天需要的食物量。

＊初次接觸手作鮮食的貓咪也有可能出現一口都不吃的狀況，可以先按照本書食譜的分量做，觀察一
下狀況。

製作貓咪鮮食餐的原則＆工具

為貓咪做飯的心情，就像是為家人做飯一樣，
而且有許多食材都是「人貓通用」的，
把握「趁新鮮、不調味、切小口」的原則就好。
除此之外，就是瞭解貓咪的喜好了。

貓咪喜歡吃新鮮的

貓咪的飯不需要調味，不論是鹽、醬油、糖等，都不需要。
食材決定好後，除了生魚片之外，都要充分煮熟、切成貓咪好入
口的大小，就完成了。特別要注意的是，貓對食材的鮮度很敏
感，如果肉或魚的鮮度不夠，就有可能完全不吃。日本有個詞叫
「貓跨」，代指「從鮪魚背骨邊刮下來的肉」，由於該部位的肉
脂肪多，在沒有冷藏設備的時代，是最容易腐壞的部位，因此以
「貓跨」來代稱，意思是「連貓走過去都會跨過不吃」。

如果是一次買齊幾天份的食材，買回家後建議立即將食材處
理好，或者預先料理後保存在冰箱中，先分為一餐食用的量再放
入冷凍庫也可以。

貓咪也有吃膩的時候

貓是善變的動物，即使是新鮮的食材，也有吃膩的可能。特
別是主食的肉或魚，由於佔每一餐的比例最高，記得偶爾更換
肉、魚的種類。此外，給貓咪長期吃同一種東西，也會對牠的健
康造成風險，可以一方面參考本書的食譜，一方面多利用牠喜歡
的食材來料理，提供貓咪更豐富的選擇吧。

製作貓鮮食的基本工具

磨泥器

計量匙

鍋子

磨缽

計量秤

由於貓咪吃的分量和人相比少得多，所以需要以計量秤來掌握分量。推薦使用有手把的小鍋子，在少量加熱時很方便。有磨泥器或磨缽時，可以更輕鬆地把煮熟的蔬菜搗碎或弄碎，讓貓咪容易入口。

分量的基準・肉類

雞肉 100g

絞肉 100g

在本書的食譜中，肉類是以一天 100g 的食用量為基準（若是一天兩餐，則除以 2 即可）。100g 的肉，大概是照片中的分量，做得熟悉後，慢慢就能省去計量的步驟了。買肉時，也可以先請肉販秤好一定的量再買。

分量的基準・蔬菜類

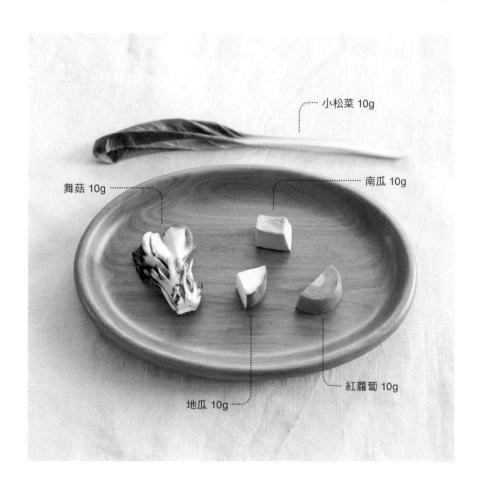

小松菜 10g

南瓜 10g

舞菇 10g

紅蘿蔔 10g

地瓜 10g

在本書的食譜中，每種蔬菜幾乎都是各切 10g 來使用。照片中是目測約略的大小，上手後，慢慢就會有概念的，備餐速度也會快上許多。也可以全部先調理好後，再各自分成每 10g 一份後冷藏備用。

食材的處理法

壓成泥狀

切成碎末

一口大小

磨泥

由於貓幾乎是用吞的來吃，不太咀嚼，所以肉或魚的「一口大小」，是指和牠平常吃的乾飼料相同程度的大小；蔬菜的部分則建議弄成泥狀，或至少要切成碎末，讓貓咪即使整個吞下也很容易消化、吸收。

貓鮮食的備料重點

point 01　蔬菜要仔細清洗

蔬菜要先用流動的水清洗乾淨，以避免農藥殘留，尤其是花椰菜或菠菜。此外，紅蘿蔔如果會連皮一起餵給貓咪時，就要將皮也一併刷洗乾淨。

point 02　去除雞皮和多餘脂肪

脂肪熱量高，要避免讓過重的貓咪吃下肚，或者避開脂肪多的部位，例如豬肉避免使用五花肉，雞皮則要去掉。不過，因為脂肪有很濃的鮮味，是吸引貓咪進食的誘因，推薦選擇豬里肌肉，其脂肪量相對低，不特別去除也 OK。

point 03　保留魚皮

魚皮含有豐富的營養，包含貓咪很需要額外攝取的維他命 A、菸鹼酸，還有能讓血液循環變好的 DHA、提高腦神經機能的 EPA。因此，不需要特別去除魚皮，可在清洗後一起料理。

point 04　務必完全煮熟

除了可以直接作為生魚片食用的魚肉之外，其它生肉或生魚，請完全煮熟後再給貓咪食用，避免讓他遭受雜菌感染或寄生蟲入侵。

point 05　去除浮沫雜質

在煮肉或蔬菜時浮上來的「泡沫」，多半是蔬菜的苦澀味、肉的臭味或多餘油分組成的，請記得撈除，做出來的鮮食餐才會好吃，同時還能降低卡路里。

point 06　絕對不要調味

貓不像人類會大量排汗，所以也不太容易流失礦物質，因此在製作貓鮮食時，不需要添加鹽，以免造成身體代謝負擔。

point 07　先做好備用也 OK

可以將鮮食分裝成貓咪一餐的量，用密封袋或保鮮容器貯存。冷凍保存下，最久可存放 1 個月。不過，食物經過冷藏或冷凍後，鮮度會降低、風味也會變差，貓咪可能就不愛吃了。要餵冷藏、冷凍鮮食時，不可以從冰箱拿出就直接餵，一定要重新加熱到接近人體溫度，貓咪才會有食欲喲。

怎麼餵，貓咪才會想吃呢？

餵市售寵物食品時，只要快速倒進碗裡就好，

但在餵鮮食餐時，有幾個開動前的注意事項，

配合貓咪的進食習性，要確認食材溫度、分量等，

一起來瞭解吧！

剛抓到的獵物是溫熱的

就算是養在家中的貓，也可以觀察到牠們仍具備狩獵的本能，想想如果是野貓剛剛獵捕到的動物，在入口時應該還是溫熱的吧。因此，在餵鮮食餐時，首先要考量到的除了貓咪入口的大小以外，就是食物的溫度。但請注意，並不是越熱越好，日語有個詞彙叫做「貓舌」，用來形容很怕燙的人，可見，貓咪對於燙口的食物興趣缺缺，尤其吃超過獵物體溫許多的熱食，對動物來說是很不自然的。如果鮮食餐剛做好，請放冷一點再餵；如果食物已經冷掉了，就稍稍加熱，到達約人體的溫度（36～37℃）再餵給貓咪吃。

從取代一部分的飼料開始

要馬上將貓咪飲食全部換成鮮食，難度很高，因此必定會有鮮食和市售飼料並用的時候。在這期間，可以參考 P.60～65 的食譜，以手作鮮食來取代部分飼料。另外，因為鮮食容易壞，儘量避免放置在室溫下超過 30 分鐘。但是，如果是習慣一點一點慢慢吃的貓，太早把貓碗收走，可能會讓牠餓肚子對吧？所以，請多觀察與瞭解「我家的孩子」吃東西的習慣，估算收貓碗的恰當時機。

開動前的重點

鮮食最適合的溫度是接近人體溫度

剛做好的鮮食餐，如果太燙口，貓咪是不敢吃的，請放冷到 36～37 ℃左右、接近人體溫度再餵。相對而言，食物太冷時也要加熱，當味道變得明顯，就會刺激貓咪的食欲。

要搭配飼料餵時要減少飼料的量

在手作鮮食和飼料並用時，建議從將市售飼料的30%改為鮮食餐試試看。

在鮮食走味或腐壞前收走

自製鮮食因為水分含量較多，容易腐壞，從衛生觀點來看，建議約30分鐘左右就要收起來。特別在夏天要多加留意。但是，每隻貓咪的進食習慣不太一樣，例如會有習慣「中途休息一下，待會再來吃完」的貓咪。請掌握牠吃東西的習慣，推算把貓碗收走的適當時機。

偶爾讓牠吃市售飼料

不需要讓貓咪100%只吃鮮食的原因，就是為了避免當你長時間不在家、要委託他人代為照顧時，對方可能無法餐餐準備鮮食，這時如果貓咪可以接受乾飼料，就能減低照顧者的困擾。希望以100%鮮食為主的飼主，也請偶爾讓貓咪吃市售飼料，保持兩種都會吃的狀態為佳。

外出前不要餵貓咪吃鮮食

對於還沒習慣吃鮮食餐的貓咪，飼主最好避免在外出前餵鮮食，因為碗中的鮮食放久了，鮮度會變差，也可能會讓貓咪吃壞肚子，或是形成「鮮食不好吃」的印象。建議手作鮮食新手們，剛開始請在從容不迫的假日餵愛貓吃鮮食吧。

讓貓咪吃慣自製鮮食的方法

雖然吃手作鮮食的好處很多，但對小心謹慎的貓而言，

剛開始出現「這是什麼？」滿臉問號的狀況也不意外，

或者根本不把鮮食當成「飯」來看待，

所以，必須從讓貓咪知道「這是飯」開始。

請對牠有信心與耐心

要將市售飼料替換成鮮食，可能要花上一段時間。如果家裡的貓咪很快就願意吃鮮食，那真是再好不過了，但如果不是這種情況也沒關係，就以輕鬆的心情，有耐心地嘗試吧。要能讓牠把手作鮮食當成「飯」來認知，需要一點時間。

把鮮食拿到牠鼻子前試試看

前面提到了要以人體溫度的鮮食來餵貓咪，除此之外，還要提醒的是，貓咪也有「非常粗心」的一面，即使把飯拿出來、用手招牠過來，或是在牠面前把貓碗遞給牠也不為所動。如果不把飯拿到牠鼻子前，牠就會不知道這是「飯」喔！年紀愈大的貓，似乎愈是如此。所以，要先讓貓知道這是牠可以吃的東西。

另外，也有放了牠討厭的食材就整碗都不吃的貓，所以要瞭解自家貓咪不愛吃的食材，把那個先去掉，再嘗試看看，或者把牠喜歡的食物放在餐點最上方，或稍微點綴一下，都能提高牠吃的欲望。等到貓咪習慣你的自製鮮食後，再把牠不愛吃的食材偷渡一點點進去，逐漸增加牠敢吃的東西，盡量達到營養均衡吧！

讓貓咪食欲大增的方法

加上貓咪熱愛的配料

可以用柴魚、魩仔魚或市售貓零食等，放一點點牠喜歡的食物在鮮食餐上面；或是偷偷用牠可能會喜歡的魚或肉類，鋪在牠比較不愛吃的食材上也很有效。

貓碗要拿到牠眼前

只是把貓碗放在平時放置的地方，可能不容易讓牠注意到「那是飯」。請把貓碗拿近，讓牠聞聞味道吧。

放在手上餵牠

有些貓咪對於主人放在手上的東西比較敏感，往往這時候才會發現「有飯耶」而開始吃。尤其是對吃很挑剔的貓，務必試試這個方法。

沾在貓咪鼻子上

可以把泥狀的食物或湯，取一點沾到貓咪的鼻子上。貓咪會因為想要把異物弄掉，而用舌頭去舔，這時候牠就會發現「啊！這是食物」還會把味道給記住。

用不同容器盛裝

對於乾飼料被弄濕就不吃的貓，可以嘗試把自製鮮食或自製湯用其它容器（和乾飼料不同的）盛裝。

加上誘人的味道

食物加熱後，味道會變得明顯，所以常有食物加熱後貓咪就願意吃了的情況。或者添加一點點有香氣的食物，例如芝麻油、海苔粉，也是不錯的選項，但要注意油的卡路里很高，淋上幾滴即可。

從牠喜歡的食材開始

有的貓討厭蔬菜的氣味，這時不必強迫牠適應，先以牠喜歡的食材為主的鮮食料理開始，等牠習慣魚、肉類之後，再逐漸加入其他食材，也是有效的方法。

從一湯匙鮮食開始・營養補充品

一開始的鮮食，只要提供簡單一湯匙就好。
做起來簡單，也能讓貓咪慢慢習慣。

＊冷藏保存請在 4 天內食用完畢。

橄欖油拌綠花椰

富含礦物質、維他命，
選擇優質的植物油，讓血液變乾淨。

材料（容易製作的量）
● 花椰菜…10g（約為 1 小朵）
● 小魚乾粉…用手指抓 1 小撮
● 橄欖油…2 小匙

作法
1 花椰菜水煮後，切成碎末。
2 將花椰菜碎末和小魚乾粉、橄欖油攪拌均勻。先取 1 小匙放在飼料上，或是用湯匙來餵。

自製乳酪

給喜歡乳製品的孩子，
用簡單的食材就能輕鬆完成。

材料（容易製作的量）
● 牛奶…1 杯　● 海苔粉…少許
● 鮮搾檸檬汁…1 大匙

作法
1 把牛奶倒入鍋中，開小火，一邊攪拌一邊加熱到約 36～37 ℃。

芝麻蜂蜜

芝麻素能夠抗氧化，
一天一點點，守護牠的健康！

材料（容易製作的量）
● 芝麻粉…2 小匙
● 蜂蜜…1 大匙

作法
1 將芝麻粉和蜂蜜均勻混合。以一餐 1/2 小匙的量和飼料拌在一起餵，或是用湯匙直接餵也可以。

── **Point** ──

使用黑芝麻或白芝麻都無妨。在中醫理論中，白芝麻能緩解皮膚乾燥、幫助排便順暢；黑芝麻則有潤澤毛髮的效果。

2 關火，加入檸檬汁後，快速攪拌。
3 放到微溫不燙，且出現豆腐狀的白色結塊物後，用乾淨的紗布（或咖啡濾紙）濾掉水分。
4 水分濾除後，輕輕擠乾一下，以一次 1/2 小匙的量，撒上海苔粉，混合在飼料中來餵，或是單獨用湯匙餵。

芝麻蜂蜜

橄欖油拌綠花椰

自製乳酪

給牠喝好湯・補給水分與營養的湯

只吃乾飼料的貓咪，很需要額外補充水分。

看牠喝得超投入、舌頭停不下來的樣子，好欣慰呀！

＊冷藏保存 7 天；冷凍在 2～3 週內食用完畢。加熱到約人的體溫再餵。

雞湯

用雞骨慢慢熬煮製成，營養超群的湯品。

材料（容易製作的量）

● 雞骨架…1 副　● 水…1L

● 切碎的蔬菜…300 克

（紅蘿蔔、白蘿蔔、西洋芹等）…適量

| 可替換食材 | 雞骨架 ➡ 雞翅膀、雞胸肉、雞腿肉皆可（要去除雞皮和多餘脂肪）

作法

1　將雞骨架用水清洗乾淨，去除雞血等髒東西。

2　把全部材料放進鍋裡，開大火。煮滾後，再熬煮 20～30 分鐘；並把浮沫撈掉。

3　在篩子上放廚房紙巾，將雞湯過濾後即完成，記得放涼再餵。

─────── **Point** ───────

湯品一次可餵 50～60ml 左右。有些
貓咪可以接受淋在鮮食或飼料上，或
者改用其他容器分開盛裝也可以。

小魚乾湯

小魚乾粉事先泡水一晚，
隔天就能做出美味好湯。

材料（容易製作的量）

● 小魚乾粉…2 小匙
● 水…500ml

作法

1　把小魚乾粉放入寶特瓶或
　　保鮮容器中，加水，冷藏
　　一個晚上。

2　把一次要餵食的分量放進
　　鍋中，熬煮 4～5 分鐘後
　　放涼再餵。

柴魚湯

在製作日式高湯時，
也為牠準備一碗吧！

材料（容易製作的量）

● 柴魚…1 包（3g）
● 水…200ml

作法

1　在煮沸的熱水中放入
　　柴魚。

2　煮到香味逸出後，關
　　火，放涼，過濾後使
　　用。

蔬菜玉子燒分享餐

奶油香煎鮭魚分享餐

鰹魚生魚片分享餐

取代30%飼料・美味分享餐

從日常食材中取一點點出來，就能做成鮮食給貓咪，
還不確定貓咪接受度時，
先用鮮食取代30%的飼料試試看。

奶油香煎鮭魚分享餐

鮭魚富含 Omega-3 脂肪酸，有助於淨化血液。
記得把煎到焦香的魚皮也加進去，可以補充更多營養。

材料（4kg 的成貓 1 天份）
● 小松菜…10g ● 花椰菜…10g ● 生鮭魚…40g ● 無鹽奶油…適量
◎注意必須使用無調味的鮭魚，不能使用鹽漬或煙燻鮭魚。

作法
1 水煮小松菜和花椰菜，燙軟後切成碎末。
2 平底鍋開火，加入奶油，奶油融化後放入鮭魚，開中火煎鮭魚。
3 在鮭魚兩面都快煎熟前，利用鮭魚旁邊的空間炒蔬菜，全部都熟了
   之後，關火。
4 把鮭魚取出、弄碎、去除魚骨頭。
5 全部放涼到接近人體溫度，再放到規定量的 70%的乾飼料上。

鰹魚生魚片分享餐

這是一道讓貓咪難以抗拒的生魚片料理，
將魚肉切成一口大小，讓牠大快朵頤。

材料（4kg 的成貓 1 天份）

- 南瓜⋯10g
- 鰹魚生魚片⋯40g
- 白芝麻粉⋯少許

作法

1　將南瓜蒸熟後，切取需要的大小，
　　用叉子壓碎。接著將鰹魚生魚片烤
　　或煎到表面上色後，切成貓咪的一
　　口大小，再和南瓜混合。
2　把 **1** 放在規定量的 70% 的乾飼料
　　上面，最後撒上白芝麻粉。

蔬菜玉子燒分享餐

大受貓咪歡迎的玉子燒料理，
用蔬菜補充纖維質，確保腸道健康。

材料（4kg 的成貓 1 天份）

- 蛋⋯1 個
- 花椰菜⋯10g（約 1 小朵）
- 蕪菁（磨泥）⋯1/2 小匙
- 紅蘿蔔（磨泥）⋯1/2 小匙
- 無鹽奶油⋯適量

作法

1　花椰菜水煮後，切成碎末。把生的
　　蕪菁和紅蘿蔔都磨成泥狀。
2　在碗中打一顆蛋，加入 **1** 的材料
　　攪拌均勻。
3　用平底鍋，開中火，放入奶油，奶
　　油融化後再把蔬菜蛋汁倒進鍋裡製
　　作玉子燒。
4　將玉子燒弄碎成貓咪容易食用的大
　　小，放涼到接近人的體溫，再放在
　　規定量的 70% 的乾飼料上面。

—————— Point ——————

想讓貓咪很自然地攝取到水分，嘗試把
P.56〜57 的營養高湯，淋在貓咪的每
一餐裡吧！

◎**建議貓咪一餐攝取的水分量**
飼料是乾的時：50〜60ml
飼料是濕的時：20〜25ml

取代30%飼料・美味湯泡飯

對於習慣吃乾飼料的貓咪，首先要讓牠習慣軟一點的口感，
先把 30%的乾飼料換成鮮食加上湯的組合吧。

湯＋乾飼料

非常容易製作的湯泡飯，配料選貓咪喜歡的就對了！

材料（4kg 的成貓 1 天份）

● 補給水分與營養的湯（參考 P.56〜57）
　…50〜60ml
● 小魚乾粉或柴魚…少許

作法

1　把原本規定量的乾飼料減少 30％
　後，淋上湯。
2　再撒上一點小魚乾粉或柴魚。

肉類＋煮汁＋乾飼料

即使是習慣吃飼料的貓咪，
看到新鮮的肉還是會眼睛發亮。

材料（4kg 的成貓 1 天份）

● 牠喜歡的肉或魚…40g

作法

1　肉類就切成貓咪的一口大小，
　放入滾水中一邊煮熟、一邊撈
　除浮沫；魚肉則同樣水煮煮熟
　後，魚肉弄碎、去除魚骨。都
　要放涼到接近人體溫度。
2　把肉連同煮汁（50〜60ml）
　放在規定量的 70%的乾飼料
　上。

肉類＋煮汁＋蔬菜＋乾飼料

在自製鮮食中加入適合貓咪的蔬菜，
同時補充水分和纖維質。

材料（4kg 的成貓 1 天份）

● 牠喜歡的肉或魚…40g
● 花椰菜…5g　● 紅蘿蔔…5g

作法

1　肉類切成貓咪的一口大小，放入滾水中
　一邊煮熟、一邊撈除浮沫；魚肉則同樣
　水煮煮熟後，魚肉弄碎、去除魚骨。兩
　種都要放涼到接近人體溫度。
2　花椰菜和紅蘿蔔水煮後，切成碎末。
3　把煮好的食材連同煮汁（50〜60ml）
　放在規定量的 70%的乾飼料上面。

**肉類＋煮汁
＋乾飼料**
雞里肌肉

湯＋乾飼料
撒一點柴魚

**肉類＋煮汁＋蔬菜
＋乾飼料**
鱈魚、花椰菜、紅蘿蔔

—— **Point** ——

魚肉，推薦使用骨頭較少的
鮭魚或鱈魚切片；其他肉
類，推薦用雞里肌肉、牛腿
肉等脂肪較少的部位。肉烤
好後，淋上P.56的營養湯品
再餵，幫牠補充水分。

完全取代飼料・100%鮮食餐

看牠津津有味吃著我為牠準備的鮮魚大餐，
那種感動真的難以形容。

什錦雞

把雞肉切細碎，保留一點口感，
讓貓咪忍不住一口接一口。

材料（4kg 的成貓 1 天份）

● 紅蘿蔔…10g
● 花椰菜…10g（約 1 小朵）
● 南瓜…10g
● 雞腿肉…100g
● 柴魚…少許

作法

1 紅蘿蔔、花椰菜、南瓜水煮到軟，全部切成
　碎末，或是弄成泥狀。
2 雞腿肉水煮，煮熟後切細碎。
3 把食材混合均勻，再撒上一點柴魚。

---- Point ----

在自製鮮食上撒一點柴魚，
整道料理散發濃厚的香氣，
讓牠忍不住大快朵頤！（太
好吃了！喵～）

鮭魚雜燴粥

鮭魚是貓咪很喜歡、也常出現在市售飼料的食材，
剛開始做 100％鮮食時，就從牠熟悉的食材開始吧！

材料（4kg 的成貓 1 天份）

- 羊栖菜（泡水還原）…1 小匙
- 小松菜…30〜40g
- 生鮭魚…100g
- 飯…1 大匙
- 水…150ml

作法

1　羊栖菜切細碎。小松菜水煮後切成碎末。

2　鮭魚去掉魚骨頭後，先切成 4 等分。

3　煮一小鍋滾水，將鮭魚全部放進鍋裡，等魚肉顏色改
　變（變熟），再把蔬菜和白飯放入鍋中，再煮 5 分鐘
　即完成。

—— Point ——

這是一道卡路里較低的料理。家裡貓咪如果有增重的需求，可以增加 1 小匙的橄欖油拌綠花椰（參考 P.54）。

雞絞肉炒雙蔬

使用軟嫩的絞肉，就連剛開始吃鮮食的貓咪也容易入口。
撒上一點海苔粉，用香氣來引誘牠。

材料（4kg 的成貓 1 天份）

● 紅蘿蔔…10g　● 蕪菁的葉子…30g（約 3 根）　● 橄欖油…1 小匙
● 雞絞肉…100g　● 海苔粉…少許

作法

1　將紅蘿蔔、蕪菁的葉子切細碎。
2　用平底鍋，開火後倒入橄欖油，炒紅蘿蔔。
3　紅蘿蔔炒熟變軟後，放入雞絞肉一起拌炒，最後再加入蕪菁的
　　葉子拌炒均勻。
4　全部炒熟後，關火。盛入容器中，最後撒上海苔粉。

超簡單・貓咪最愛的零食點心

使用低卡路里以及對貓咪身體好的食材來製作，
和牠一起度過美好的點心時光。

奇異果優格

利用優格來補充乳酸菌，有助貓咪腸道健康。

材料（4 公斤的成貓 1 天份）

● 奇異果…1/8 個　　● 原味優格（無糖）…1～2 小匙

作法

1　奇異果去皮後切成碎末，加在原味優格中即完成。

| **可替換食材** | 奇異果 ➡ 蘋果（磨泥）、藍莓（切碎） |

雞胸肉點心捲

貓咪稍微嘴饞的時候，給牠來份小點心吧！

材料（容易製作的量）

● 雞胸肉…1 片（淨重 300g）

作法

1 將雞胸肉去除雞皮及多餘的脂肪後，從厚的部份用菜刀斜
切進去但不切斷，左右對開、攤平約呈 2cm 厚。

2 將雞胸肉捲成圓柱狀，並用兩層耐熱保鮮膜包覆好。

3 煮一鍋滾水，放入 **2** 煮 1～2 分鐘後關火。

4 蓋上鍋蓋，讓雞胸肉捲在鍋內慢慢熟透，時間約需 3 個
小時。

5 從鍋子裡取出雞胸肉捲，拆除保鮮膜，再切成貓咪容易食
用的大小。

※這一餐沒有使用到的雞胸肉捲，可以先用保鮮膜包好冷藏保存，
可放 3～4 天。

—— **Point** ——

雖然使用了熱量較低
的雞胸肉，但是貓咪
吃太多還是會發胖
的，要注意攝取量。

地瓜乳酪小餅乾

喜歡乾乾的貓最愛的點心！

—— **Point** ——

可以用湯匙將烤盤上的麵團稍稍壓平成形，就能均勻烤熟。

材料（容易製作的量）

- 地瓜…50g
- 寵物用乳酪…50g
- 低筋麵粉…20g
- 蜂蜜…1 小匙

作法

1　烤箱預熱到 200℃。

2　地瓜切丁，浸泡常溫水 5～10 分鐘後，連水一起倒進鍋子裡加熱煮滾，煮到地瓜變得鬆軟。

3　將地瓜撈起、瀝乾、壓成泥狀，加入低筋麵粉和蜂蜜，攪拌均勻。最後加入乳酪，大致攪拌一下。

4　在烤盤鋪上烘焙紙，把 **3** 弄成貓的一口大小，一張烘焙紙放一口的量，用上下火 200℃烤約 13 分鐘（實際烘烤時間會依不同烤箱火力而有所增減）。

香噴噴雞肝泥

貓咪會忍不住一直舔，美味點心首選。

材料（容易製作的量）

- 雞肝…150g
- 無鹽奶油…10g
- 鮮奶油…1 大匙
- 水…50ml

作法

1. 把雞肝的脂肪和筋膜去掉，切成 2～3 等分，用水洗去雞血後泡水約 20 分鐘。
2. 將雞肝撈起後用廚房紙巾包起，吸乾水分。
3. 奶油放入鍋中融化後，加入雞肝快速拌炒一下，再加水煮到幾乎收汁為止。
4. 把炒過的雞肝放到不燙後，用叉子壓碎，再加入鮮奶油，就會變成柔滑好入口的雞肝泥。

※雞肝泥冷藏可保存 3～5 天。不建議冷凍保存，口感和風味都會變差。

—— Point ——

這道因為當作點心用，一次餵約 1～2 小匙就好。也可以把雞肝泥填入擠花袋，用擠的讓貓咪舔食。

貓的詞彙小錦囊

咦？牛蒡貓是什麼貓？

一起認識貓詞彙！

世界上有著各種和「貓」有關的食物詞彙，
其中有不少會令人滿頭問號、深深感到不可思議的。

◎會吃馬肉的義大利貓咪

義大利過去有名為「貓肉販；cat's meat man」的職業，是指邊走邊賣貓飯的人。貓肉販從飼主那裡收到貨款後，就會在街上到處巡邏，幫忙餵跑到街上玩的貓，而且，餵的東西竟然是馬肉。

而在日本，一提到貓就會想到魚，現在的貓飼料也幾乎都以魚肉為主。但是，如果以貓咪的祖先——在沙漠生活的山貓來思考的話，或許魚並不是貓咪原先就習慣吃的，而是有一點點罕見的食物。

◎日本語中的「貓詞彙」

在日本的詞彙中，以貓和魚來形容或代稱事物的詞彙很多。例如，眾所周知的「給貓柴魚」（猫に鰹節；形容對喜歡的東西很著迷的樣子），同義詞還有「給貓乾鮭」（猫に乾鮭；乾鮭指曬乾的鮭魚）或「貓一肥的話柴魚就瘦了」（猫が肥えれば鰹節が痩せる）這樣的話。

另外，在日本還沒出現冰箱的時代，鮪魚因為油脂多、容易腐壞，因此有了「貓跨」（猫またぎ）這個代稱，取「就連貓都會跨過去走掉、不願意吃」的意思。還有以「貓不吃」（猫くわず）代指骨頭多、難以入口的虎鱚或達磨鰈兩種魚類。

也有以貓的身體形象來稱呼某種蔬菜的詞彙。例如「貓睪丸」（猫の金玉），是指南瓜，聽說這是以前小偷所使用的詞語，記載於京都府警察部在大正時代初期所整理的《隱語輯覽》中。這麼說起來，好像還真有點像。另外，也有反過來用蔬菜的形狀來代稱貓咪的，那就是「牛蒡貓」（ごぼう猫），在宮城縣、神奈川縣、岡山縣、島根縣都有相關記載，特別指尾巴短的貓，其最初的由來似乎已不可考，但分布在東西兩邊、相隔很遠的土地上，竟留有相同的詞彙，實在不可思議。

貓分（猫分）則是表示剩食，而貓下（猫下ろし）、貓的食殘（猫の食い残し）兩者都是形容如同貓咪小口小口吃的模樣。

3

貓咪對症鮮食餐

容易受損的三個器官

除了容易罹患腎臟疾病之外，

貓咪的心臟和肝臟也是弱點所在。

不過，透過讓貓咪攝取新鮮的食物，

就能降低貓咪罹患疾病的機會。

少喝水＋肉食主義，讓貓咪易罹患腎臟與肝臟疾病

　　貓的祖先由於要在沙漠環境中生存，逐漸演化為不太需要刻意攝取水分的體質，直至今日，貓咪依然沒有積極喝水的習性，也因此尿液很濃，而腎臟由於是負責過濾尿液的器官，其損壞的速度就會比其他臟器來得快，此外，腎臟機能衰退也會影響到心臟。由於貓咪是肉食性動物，飲食中主要攝取的是蛋白質，因此對於在代謝蛋白質過程中負責解毒的肝臟也會造成不小的負擔。綜上所述，可以得知貓咪特別容易罹患有關腎臟、心臟、肝臟疾病的原因。

用自製鮮食來減輕臟器的負擔

　　如果增加貓咪攝取的水分，就能減輕腎臟的負擔，透過把飲食中一部分的飼料換成手作鮮食，就能夠讓貓咪在吃飯的同時攝取到水分，也較不必擔心牠不太主動喝水的問題。當貓咪的腎臟機能良好，相對也會減少罹患心臟疾病的可能性。

　　此外，由於肝臟是負責解毒的器官，如果能讓貓咪多攝取新鮮食物，而不是摻雜各種添加物的食品，就能降低肝臟的疲勞。讓貓咪吃由飼主親自把關、製作的鮮食料理，對於貓咪而言是再好不過的了。

透過健康鮮食守護貓咪的腎、心、肝

腎臟

負責維持體內水分平衡、產生尿液，以及透過尿液將老廢物質排出的器官。貓咪長期吃含水量低的食物，會造成體內水分不足，腎臟為了維持體內水分平衡，就會減少排尿量，如此一來，毒素就會更長時間停留在腎臟中，容易導致腎衰竭或腎結石，而當結石堵塞在尿道造成發炎，就會引起「下泌尿道症候群」。特別是公貓，由於尿道管徑比母貓更細，更容易出現結石問題。

心臟

當血液循環變差時，腎臟的血壓也會下降，進而影響腎臟機能，造成血液中的紅血球數減少，連帶使體內氧氣不足。為了應對這個狀況，貓咪的心跳會加快，經年累月下來，心臟越來越疲勞，貓咪就容易出現高血壓。

肝臟

肝臟具有能代謝蛋白質、脂肪以及解毒的功能。不過，當脂肪在體內累積的速度過快，使得肝臟代謝不及時，就會形成「脂肪肝」。脂肪肝也容易發生在當貓咪連續 3 天以上很少進食或沒有進食時，此時貓咪的身體會開始代謝脂肪，以轉換為熱量，這也使得肝臟負擔大增、機能下降，形成惡性循環。

用手作鮮食守護愛貓健康！

守護這三個臟器的關鍵在於增加水分攝取量。用自製的膳食來幫貓咪補給水分，當尿液變稀，就能降低腎臟和心臟的負擔。另外，多攝取優質蛋白質（參考P.33～35），減少吃進體內的有害物質，也可以減輕肝臟的負擔。

手作鮮食可預防肥胖

看到貓咪吃得很開心或是央求著要東西吃的樣子，

就會忍不住再多餵一些給牠，

結果就是害牠越來越胖了。

不過，如果是自製鮮食，就能透過調整食材來解決問題。

肥胖是萬病之源

　　不管是對人類還是對貓而言，肥胖都是萬病之源。在上一頁提到的「脂肪肝」，肥胖也是罪魁禍首之一。養在室內環境的貓咪，因為活動空間有限，如果食量增加，活動量卻沒有增加，自然就會發胖，而且貓咪在狩獵以外的多數時間都是靜靜不動的，也不像狗有散步的需求，這麼一來就很難避免貓咪發胖。以為只要減少提供的食物量就可以，但是當愛貓喵喵叫、吵著要再吃東西時，飼主往往難以狠下心來，即便真的能狠心少給食物，激烈的減肥也不利於貓咪的健康。

調整鮮食餐的內容來控制體重

　　但是，如果是手作鮮食，因為能把食材的多餘脂肪去掉，或是利用低卡路里的食材，搭配湯或蔬菜來為飲食增量，就能幫助降低貓咪攝取的卡路里。比起多餵一點點就容易造成熱量超標的乾飼料，更能減輕貓咪肥胖的風險。

　　為了能持續自製鮮食，飼主的毅力也很重要。在可以做到的程度，即使只有把一部分換成手作鮮食也沒關係，無論如何，能攝取新鮮食物，對貓咪的健康就是有幫助的。

我家的貓咪太胖了嗎？

寵物體態評估 Body Condition Score

透過觀察外觀、觸摸身體來檢視貓咪的體型，這套體態評估方法就是 Body Condition Score（BCS）。由下表可推估出貓咪的理想體重，達到理想體重的 122%以上就是肥胖。

BCS				
1 太瘦 —— 理想體重的 85%以下	**2** 體重不足 —— 理想體重的 86～94%	**3** 理想體重 —— 理想體重的 95～106%	**4** 體重過重 —— 理想體重的 107～122%	**5** 肥胖 —— 理想體重的 123～146%
〔肋骨〕用手觸摸時，可以摸到骨頭的一根一根突起。 〔腹部〕從上方看，腰身明顯有凹陷，從貓的側邊看，側腹沒有小肚肚。	〔肋骨〕摸得到肋骨，但不會有一根一根突起的感覺。 〔腹部〕從上面看得出腰身。	〔肋骨〕摸得到肋骨，但外表看起來不明顯。 〔腹部〕從上面看，有一點點腰身，從側面看，可看出側腹有小肚肚。	〔肋骨〕摸不太到肋骨。 〔腹部〕幾乎沒有腰身，腹部圓滾滾，側腹的小肚肚稍微下垂。	〔肋骨〕全身都圓滾滾的，就算用力摸也摸不到肋骨。 〔腹部〕脂肪下垂，走動時側腹的小肚肚出現晃動。

試著計算理想體重吧！

雖然貓咪的理想體重會因為品種而有差異，但滿 1 歲（成貓）的貓咪都可以利用上表初步估算，可以先觀察貓咪現在的體型較符合 BCS1～5 當中的哪一個狀態，再測量貓咪現在的體重，接著用你認為符合的 BCS 的百分比數字去換算理想體重。

配合貓咪年齡調整飲食型態

從小小的幼貓到成貓，最後來到老貓階段，

就像人一樣，貓咪適合吃的東西也會依年齡而有不同，

掌握不同階段貓咪的需求來製作鮮食餐，

和牠一起健康、幸福地度過每一天吧！

貓咪 10 歲起就進入高齡期

　　貓咪的一生大致可分為「成長期、成貓（維持）期、高齡期」。貓咪即使進入高齡期，外表也不會有明顯的變化，因此，我們很容易以為牠還是一樣年輕。

　　但是，和人類相比，貓咪的歲月簡直就像是在追趕般地流逝，貓的 10 歲約等同人類的 56 歲，而 20 歲就相當於人類的 96 歲了。過了 10 歲後，貓咪不僅要定期接受健康檢查，也必須重新檢視飲食，就以預防疾病的方向來為牠備餐吧！

從幼貓時期就讓牠嘗試各種食材

　　幼貓是指出生後到一歲前，滿一歲則進入成貓期。從出生後 2 個月左右開始，幼貓就會進入離乳期，相當於人類嬰兒要從吸吮母乳漸漸轉為一般食物的時期，若能從幼貓期就開始吃手作鮮食，對貓咪來說是很幸運的，因為幼貓對食物的喜好還沒有固定下來，所以還不太會挑食，這時候提供牠吃各種食材的經驗，未來就能夠因應不同的情況，準備適合牠的食物，即使是罹患疾病、狀況不佳時，也比較有機會透過飲食幫助牠恢復健康。

幼貓和老貓的飲食重點

幼貓的手作鮮食

貓咪出生 2 個月後就能開始吃離乳食品，並且要逐漸增加一餐的食物量以及使用的食材，用餐次數則要逐漸減少。貓咪出生後 6 個月左右，體重約會達到成貓體重的 75%。

2～3 個月	3～4 個月	4～6 個月	6 個月～
一天餵 5 次。一次的飲食量是 2 大匙。	一天餵 4 次。一次的飲食量是 2 大匙。	一天餵 3 次。一次的飲食量比 2 大匙多，逐漸增加。	一天餵 2 次。飲食量和成貓相同（參照 P.42）。
餵食水煮或煎烤過的魚或肉，記得要處理得細碎好入口。	餵食水煮或煎烤過的魚或肉，混合少量水煮到熟軟的蔬菜。每餐使用一種蔬菜即可。	肉和蔬菜的比例接近成貓期，這個時期，只要牠想吃就讓牠吃也 OK。	和成貓相同，肉類、蔬菜、穀類的比例為「肉類 80～90%」：「蔬菜類 10%」：「穀類 0～10%」。

老貓的手作鮮食

貓咪的活動量會隨年紀大而下降，也就比較容易發胖，影響健康。處理食材時，要先去除較難以消化、卡路里也較高的脂肪部位，或是直接更換成卡路里較低的食材。平常除了準備水盆之外，透過提供鮮食，也能幫助牠從飲食中自然地攝取水分、預防腎臟疾病。

降低卡路里	補充水分
把食材的脂肪部位如雞皮等去掉，或者把雞腿肉換成雞里肌肉、鱈魚等低卡路里的食材。此外，貓咪老化後，腎臟機能會變差，這時就要降低飲食中蛋白質的比例，減少的部分就以蔬菜或穀物來取代。	可以利用淋上高湯（P.56～57），以及用水煮的方式製作鮮食，讓貓咪多攝取水分。如果原本是只吃乾飼料的貓，試試看減少乾飼料的比例，從增加一湯匙手作鮮食或濕飼料開始。另外，在各處放水盆也可以增加牠喝水的機會。

掌握食材的特性與功效

食材，以西醫來看是營養素，

以中醫觀點而言則有「熱、寒、涼、平」之別。

多了解食材特性，例如哪些可以溫暖身體或使身體涼快，

搭配不同季節運用，製作出更適合「我家孩子」的菜單吧。

專屬於自家貓咪的鮮食餐

　　剛開始自製鮮食餐，可能會先按照食譜製作，慢慢再培養出為自己的貓咪客製化的能力。除了把握基本原則（P.20），遵守「肉、魚類佔 80～90％，蔬菜類佔 10％，穀類佔 0～10％」的黃金比例之外，如果還能了解食材的各自特性，就更能做出符合貓咪需求的膳食。

依產季、產地來了解食材

　　例如夏季時，使用能讓身體寒涼的小黃瓜，就能消除體內多餘的熱氣；冬季時，則使用能溫熱身體的南瓜。雖然飲食不如藥劑的即效性，但挑選適合的食材，能幫助貓咪調整體質、更舒服地生活。

　　如果認為要記住食材特性有困難的話，建議優先使用當季盛產的食材。在當季食材中，許多食材本身就具有消除該季節會出現的身體毛病的作用。例如，產自熱帶地區的食材，多具有消暑的功效；而產自寒冷地區的食材，則有溫熱身體的功效。下次為愛貓挑選食材時，不妨也試著注意原產地。

依效能推薦的食材

不管是貓咪還是人類，依照身體的狀況食用適合的食材，就能緩和不適，生活得更舒適，以中醫觀點而言，就是從寒涼或燥熱回到中庸的狀態。關於推薦貓咪食用的食材和其特性，在本書 P.33～38 也有介紹，若想進一步瞭解，可以多參考中醫學或藥膳相關書籍。

暖和身體

促進血液循環功能的食材，例如雞肉、雞肝、牛肉、羔羊肉、鮭魚、鱈魚、南瓜等。本書的食譜使用了許多具備此功效的肉類，此外，在餐點中加入一點點的味噌或薑，也能達到這個效果。

讓體內的「水」（指血液之外的水分）的循環變好的食材，例如奇異果、小黃瓜、蘿蔔、豆腐、豆渣、海苔粉等。能夠間接驅散體內的熱氣，許多蔬菜都具備這個性質，非常適合夏天使用，幫助貓咪的身體保持涼快。

冷卻身體

保持中庸

指不會讓身體特別溫熱，也不會變得寒涼的平性食材，例如豬肉、蛋、芋頭、花椰菜、蜂蜜、芝麻等。不必特別顧忌，四季都適合使用。

以兩週為單位來觀察身體變化

為了逐漸調整成適合自家貓咪的飲食，

在開始餵貓咪吃鮮食餐的兩週後，

必須檢視一下貓咪的身體狀況，

比較看看吃鮮食餐前後有哪些變化。

務必注意體重變化

當貓咪吃的東西改變時，很快就會反映在身體上，因此，當貓咪的飲食加入了鮮食之後，務必確認貓咪的身體狀況。

首先要注意的是體重。在提供鮮食前，以及貓咪開始吃鮮食的兩週後都要測量體重，再依據體重的增減，來調整膳食的分量。因為這也和貓咪原本的體型是胖或瘦有關，所以請先參考P.79 確認貓咪的理想體重後，結合貓咪吃鮮食餐後的體重變化來統整判斷。兩週前是肥胖或過瘦的貓咪，就從吃鮮食餐兩週後這個時間點開始調整吧。

最容易觀察的是排泄狀況

比起體重，最快發生變化的是貓咪的排泄物。例如，由於市售飼料的穀類含量較多，當換成蛋白質含量較多的鮮食時，貓咪的大便顏色、味道就會改變；此外，因為鮮食的水分含量也比較高，貓咪可能會出現拉肚子或便秘的情形，但應該都是暫時性的症狀，幾天後就會穩定下來。其他也可能出現眼屎或皮屑增多的狀況。個別症狀的持續時間有所不同，但如果持續好幾天，或者狀況嚴重，請立即帶貓咪去看診。

開始吃鮮食後，暫時性的身體變化

體重的增減

為了要提供適當的食物量，體重是一定要確認的指標。比理想體重還重時，就稍微減少飯量，如果體重太輕了，就增加飯量。通過測量體重和觀察體型，來決定每隻貓咪適當的飯量。

拉肚子或便秘

從市售飼料轉為手作鮮食時，腸內細菌的平衡會改變，貓咪可能會拉肚子。相反的，當貓咪因為轉食而緊張，連帶影響腸道狀況時，也可能會便秘。兩者都是剛開始轉食時會引起的變化。

皮膚發癢、皮屑眼屎增加

貓咪因為吃手作鮮食，攝取到的水分變多，也會促進血液循環，也就是新陳代謝變好，這時可能會出現濕疹或皮屑增加的情形。另外也可能有眼淚或眼屎增多的狀況。

變得沒精神

這一點因個體而異，除了因為膳食改變之外，也可能是因為貓咪被拉肚子或身體發癢等變化嚇到，暫時變得沒精神。如果是吃鮮食所造成的，就會是暫時性的狀況，一旦適應鮮食之後，貓咪就會恢復活力的。

嘔吐

確認吐出來的東西中，是否含有未消化的食物，如果有，就需要再重新評估是否要使用該食材。除此之外，貓咪也可能因食物中毒、吃得太快、食物中含有與貓咪體質不合的食材或討厭的食材而吐，需要謹慎評估原因。

其他

這裡所列舉的身體變化，大多是以「排出」來表現，不需要過度憂慮，但也要考量是否有對特定食材過敏或中毒的可能。如果貓咪的狀況令你感到很擔心，不要猶豫，就帶貓咪去接受獸醫的診察。

提供滿滿活力

　　就像我們每天的身體狀況可能都稍有不同，貓咪的身體也是如此。對於被飼養的貓來說，人類給予的食物就是一切。因此，給予好的、適當的飲食，是最能夠守護貓咪健康的方式。為了能和牠長長久久生活在一起，平常也要仔細觀察牠進食的狀況，製作真正符合牠需求的鮮食料理。

圖示的意涵

溫暖身體

能讓身體變暖和的料理。「萬病起於寒」，對貓來說也是如此。

促進循環

能促進血液循環的料理。當血液清澈、運行順暢時，也會提高代謝力。

腸道健康

能改善腸道環境的料理。當腸道能好好吸收各種營養，就能提高免疫力。

溫暖身體

味噌烤鯖魚鮮食餐

薑粉能讓身體暖和起來，
但如果貓咪不喜歡，不加入也沒問題。

材料（4kg 的成貓 1 天份）

- 菠菜…40g（約 4 根）
- 鯖魚…100g
- 白蘿蔔（磨泥）…1 大匙
- 味噌…挖耳勺 1 勺　● 薑粉…少許

作法

1　菠菜用熱水汆燙後，再放入冷水中浸泡，如此能去除澀味，接著
　　把水分瀝乾、切成碎末。

2　鯖魚烤熟後，去除魚骨頭，再把肉弄碎。

3　用 1 大匙熱水（材料以外）來融化味噌，接著加入鯖魚一起拌勻。

4　盛盤，放上菠菜和白蘿蔔泥，撒上一點點薑粉就完成了。

促進循環

竹筴魚生魚片鮮食餐

竹筴魚所含的 **EPA**、**DHA** 能淨化血液，
將魚骨頭剁碎和魚肉一起吃，還能幫貓咪補充鈣質。

材料（4kg 的成貓 1 天份）

- 竹筴魚（生魚片用）…1 隻
- 羊栖菜（泡水還原）…少許
- 小松菜…40g（約 4 根）
- 紅蘿蔔（磨泥）…1 小匙
- 芝麻油…1 小匙

作法

1 將竹筴魚的頭、尾切除，去掉內臟、鰓、魚鱗。用水洗淨後，
把水擦乾，將魚肉連同魚骨頭一起剁碎。

2 羊栖菜切成碎末，小松菜汆燙後把水瀝乾，也切成碎末。

3 將食材混合，再放上紅蘿蔔泥、滴上芝麻油。

促進循環

鮭魚三色鮮食餐

鮭魚富含的 **EPA**、**DHA**，和南瓜、花椰菜裡的維他命 **E**，
都有助於貓咪的血液循環。

材料（4kg 的成貓 1 天份）

- 鮭魚…100g
- 南瓜…10g
- 花椰菜…10g（約為 1 小朵）

作法

1 鮭魚烤熟後，拿掉魚骨頭，把肉弄碎，放涼到約人的體溫。

2 南瓜水煮或蒸熟後，用叉子壓碎。花椰菜水煮後切成碎末。

3 將以上食材全部攪拌在一起就完成了。

腸道健康

鬆鬆軟軟肉丸子鮮食餐

豬肉中富含可活化免疫細胞的維他命 B$_1$，
而屬於發酵食品的味噌有助調整腸內環境。

材料（4kg 的成貓 1 天份）

- 豬絞肉…100g
- 山藥（磨泥）…1 大匙
- 味噌…挖耳勺 1 勺
- 蕪菁…1/4 個
- 蕪菁的葉子…1/2 根

—— **Point** ——

豬絞肉充分揉過，就
容易捏成丸子狀。

作法

1　在豬絞肉中加入山藥和味噌，一直揉到產生黏性，再捏成小丸
　　子狀。

2　用一鍋熱水燙煮蕪菁和蕪菁葉，煮軟後，切成碎末。煮汁先留
　　著備用。

3　把煮汁煮到沸騰，再把肉丸子放進鍋中煮。

4　肉丸子煮熟後撈起，和蔬菜一起盛放到容器中，放涼到約人的
　　體溫再餵貓吃。

腸道健康

鰤魚生魚片鮮食餐

鰤魚含有的 DHA、EPA 比鯖魚更多，
能促進血液循環，也有助於腸道蠕動。

材料（4kg 的成貓 1 天份）

- 羊栖菜（泡水還原）…少許
- 地瓜…1cm 厚的圓片
- 萵苣…1/8 片
- 鰤魚（生魚片）…100g

作法

1　羊栖菜切成碎末。地瓜水煮或蒸熟後，用叉子壓碎。萵苣水煮
　　後切成碎末。

2　將鰤魚生魚片切成貓咪的一口大小，盛盤後再放上 **1** 即完成。

預防口腔疾病

免疫系統弱的貓咪容易罹患口腔疾病，用美味料理來幫牠提升免疫力吧！

豬肉雞肝保健鮮食餐

豬肉中的維他命 B$_1$ 可活化免疫細胞，
雞肝中的 β-胡蘿蔔素能強化口腔黏膜。

材料（4kg 的成貓 1 天份）

- 雞肝…40g
- 豬里肌肉…60g
- 南瓜…10g
- 香菇…1/2 朵
- 羊栖菜（泡水還原）…少許

作法

1 雞肝去筋膜後，用水洗淨。煮一鍋滾水，放入雞肝，燙熟後切成
   碎末。
2 豬里肌肉用水燙熟後，切成貓咪的一口大小。
3 南瓜、香菇水煮後，用叉子將南瓜壓成泥狀，香菇則切成碎末。
   羊栖菜切成碎末。
4 把處理好的雞肝、豬里肌肉、南瓜、香菇全部混合，盛入碗中，
   最後放上羊栖菜，完成。

滿足感 UP 牛排丼

咀嚼肉類的過程有助於預防牙結石，
就讓牠開心地大口大口吃！

材料（4kg 的成貓 1 天份）

- 牛腿肉…90g
- 油…少許
- 花椰菜…10g（約 1 小朵）
- 紅蘿蔔…10g
- 白蘿蔔（磨泥）…1 大匙

作法

1 將牛腿肉切成貓咪的一口大小，將油倒入平底鍋，開火，放入肉
   塊煎到三分熟左右即可。
2 花椰菜和紅蘿蔔水煮至軟，再切成碎末。
3 把 **1** 盛到容器中，再放上 **2** 和白蘿蔔泥。

—— **Point** ——

牛肉不一定要買整塊
的肉塊，以方便切成
更小塊的為主。

便秘時

為了能順暢排便，必須讓他多攝取膳食纖維和水分。

雞肉蓮藕燉菜

用膳食纖維滿滿的根莖類來消除便秘。

材料（4kg 的成貓 1 天份）

● 雞腿肉…100g
● 蓮藕…10g　● 地瓜…10g
● 羊栖菜（泡水還原）…1 小匙　● 芝麻油…1 小匙

作法

1　雞腿肉切成貓咪的一口大小，水煮燙熟，過程中記得撈掉浮沫。
2　蓮藕、地瓜用水煮軟，煮汁留著備用。
3　將地瓜用叉子壓碎，蓮藕和羊栖菜則切成碎末。
4　將食材盛入容器中，再淋上一大匙 **2** 的煮汁和一小匙芝麻油。

—— Point ——

油分能夠幫助貓咪的腸子蠕動，讓便便順暢排出。

拉肚子時

使用脂肪量較少的鱈魚，蔬菜則要煮得夠軟，讓腸胃好消化。

鱈魚芋頭白色鮮食餐

要注意貓咪是否有脫水情形，並且確保牠能從飲食中攝取到水分。

材料（4kg 的成貓 1 天份）

- 鱈魚…100g
- 芋頭…10g　● 白蘿蔔（磨泥）…2 小匙
- 小魚乾湯…2 大匙（作法見 P.57）

作法

1　鱈魚水煮後拿掉骨頭，再將魚肉弄碎，放涼到接近人的體溫。芋頭水煮至軟後，用叉子壓碎。

2　把 **1** 盛到碗中，放上白蘿蔔泥。

3　把小魚乾湯加熱到約人體體溫的熱度，淋在碗中。

—— **Point** ——

拉肚子如果持續 2～3 天了，請帶貓咪去看診。

腎臟及結石問題

有結晶或結石的貓，提供牠們充足的水分之外，也要補充優質蛋白質。

親子丼

從雞腿肉和雞蛋攝取優質的蛋白質，
搭配具有利尿作用的蔬菜，將老廢物質順利排出，避免累積結石。

材料（4kg 的成貓 1 天份）

● 雞腿肉…40g　● 蛋…1 個　● 小黃瓜…10g

● 蕪菁…10g　● 飯…1 大匙　● 無鹽奶油…1～2g

作法

1　雞腿肉連皮切成貓咪的一口大小，放入鍋中用熱水煮滾，記得撈掉浮沫。

2　蕪菁用水煮軟後，切成碎末。小黃瓜洗淨後直接磨泥。

3　取平底鍋，開火，放入奶油，奶油融化後，再倒入蛋液翻炒，做成炒蛋。

4　把飯盛到容器中，放上雞腿肉與蔬菜，再撒上炒蛋。

—— **Point** ——

貓咪的腎臟不好時，依據嚴重程度，需要酌量減少蛋白質攝取，這時就可以利用米飯來補足熱量。

鮭魚豆腐拌飯

當腎臟機能變差時，透過飲食也能輔助體內循環。
利用能促進血液循環的鮭魚和豆腐，再加點香菇來提升貓咪的免疫力。

材料（4kg 的成貓 1 天份）

● 鮭魚…90g　● 豆腐…10g　● 小松菜…10g（約 1 根）

● 南瓜…10g　● 香菇…1/2 朵　● 黑芝麻粉…少許

作法

1　將鮭魚烤熟後，拿掉骨頭，將肉弄碎，放涼到約人的體溫。

2　豆腐切成 1cm 的小丁。

3　小松菜、南瓜、香菇各自水煮至軟後，小松菜和香菇切成碎末，南瓜用叉子壓碎。

4　將所有食材都盛到容器中，最後撒上黑芝麻粉。

肥胖問題

運用低脂肪的肉類，讓貓咪不用減少食物攝取量也能穩定減肥。

鱈魚蔬菜色彩滿滿鮮食餐

鱈魚搭配膳食纖維滿滿的各式蔬菜，形成一道視覺上很豐富的料理。

材料（4kg 的成貓 1 天份）

- 鱈魚…100g　● 南瓜…10g　● 紅蘿蔔…10g
- 小松菜…10g（約 1 根）　● 花椰菜…10g（約 1 小朵）　● 海苔粉…少許

作法

1　煮一鍋滾水，放入鱈魚煮熟後，拿掉骨頭，魚肉弄碎，放涼到約
　　人的體溫。

2　南瓜、紅蘿蔔、小松菜、花椰菜水煮至軟後，南瓜、紅蘿蔔用叉
　　子壓碎，小松菜和花椰菜切成碎末。

3　全部盛到容器中，撒上海苔粉。

食欲不佳時

不用勉強貓咪進食，準備容易入口的湯，讓牠的胃腸休息吧！

蛋花湯

營養價值高、鬆軟綿密的蛋花，結合香氣四溢的雞湯，幫牠溫和補身。

材料（4kg 的成貓 1 天份）

- 蛋…1 個　● 雞湯…150ml（作法見P.56）
- 芝麻油 …少許

作法

1 碗裡打一顆蛋，備用。

2 雞湯倒入鍋中煮滾後，倒入蛋液，用筷子攪拌湯，等蛋花熟了就可以關火。

3 將湯盛到容器中，放涼到約人的體溫，可依貓咪的飲食喜好再決定要不要滴芝麻油。

—— Point ——

貓咪持續 2～3 天都沒有食欲時，要儘快給獸醫看診。

夏日提升食欲

炎熱夏日，容易食欲不好。用可以讓體溫下降的當季蔬菜來打開牠的胃吧！

黏呼呼潤胃羹湯

黏黏的秋葵也有促進消化、潤滑腸胃的效果。

材料（4kg 的成貓 1 天份）

● 豬里肌肉…100g
● 秋葵…10g
● 彩椒（黃、紅）…1 小匙（兩種合計）

作法

1　豬里肌肉切成貓咪的一口大小。秋葵、彩椒切成碎末。

2　在鍋中倒入 200ml 的水（材料以外）煮到沸騰，再加入 **1**，一邊
　撈掉泡沫一邊煮。

3　蔬菜煮軟後關火，直接放涼到約人的體溫後，連同適量的湯一起盛
　放到容器中。

冬日暖身暖胃

組合溫熱性質的食材，改善貓咪身體發冷的情況。

雞肉佐南瓜

南瓜的主要產季在秋、冬，也是很好的禦寒食材。

材料（4kg 的成貓 1 天份）

- 雞腿肉…100g
- 南瓜…10g
- 舞菇…10g
- 海苔粉…少許

作法

1　將雞腿肉切成貓咪的一口大小，放入鍋中水煮，煮熟後撈出瀝乾水分。煮汁先留著備用。

2　把南瓜、舞菇放入煮汁中煮。煮好的南瓜用叉子壓碎。舞菇切成碎末。

3　全部盛放到容器中，完成後撒上海苔粉。

老貓食譜

貓咪年紀大了，消化吸收機能也會衰退，選擇高蛋白、低脂肪的肉類來為牠補充營養。

雞里肌肉拌豆渣

雞里肌肉和豆渣都是對胃部溫和的蛋白質來源，
搭配有助抗老的黑豆，非常適合高齡貓。

材料（4kg 的成貓 1 天份）

- 雞里肌肉…100g
- 豆渣…10g
- 菠菜…30g
- 紅蘿蔔…10g
- 舞菇…10g
- 水煮黑豆…2 個

作法

1　將雞里肌肉烤熟，切成貓咪容易食用的大小。

2　菠菜氽燙後泡冷水，以去除其中容易造成結石的草酸，接著把水分瀝乾後切成碎末。

3　用另一鍋水煮紅蘿蔔和舞菇，煮軟後，紅蘿蔔用叉子壓碎，舞菇切成碎末，煮汁先留著備用。

4　黑豆壓碎或切成碎末都可以。豆渣下乾鍋，炒到乾爽。

5　將全部食材盛入容器，最後淋上煮汁 2～3 大匙。

鮪魚淋山藥泥

山藥和舞菇都有提高貓咪免疫力的功效，再淋上一點湯來補給水分。

材料（4kg 的成貓 1 天份）

- 鮪魚（生魚片用）…100g
- 花椰菜…10g（約為 1 小朵）
- 山藥（磨泥）…1 大匙
- 舞菇…10g
- 小魚乾湯（作法見 P.57）…2～3 大匙

作法

1　將鮪魚生魚片切成貓咪的一口大小。

2　水煮花椰菜和舞菇，煮軟後切成碎末。山藥直接磨成泥。

3　將小魚乾湯煮滾後放涼。

4　將鮪魚生魚片盛入容器，放上花椰菜、舞菇及山藥，再淋上小魚乾湯。

自製鮮食讓牠充滿活力

米克斯　　推估 9 歲（母）、8 歲（公）

東京都　S 小姐

貓咪的吃飯時間，也是我和牠們互動的時間。
為牠們做餐、看牠們吃得津津有味，在這當中的我也很快樂。

◎開始自製鮮食的理由

以前一直是餵家裡貓咪吃乾飼料，不過開始會擔心乾飼料水分太少的問題，對於原料也不太放心，除此之外，我也好奇「一直吃相同的東西，對貓咪來說真的健康嗎？」於是走上了自製鮮食的路。

◎剛開始吃鮮食的反應

我家有兩隻貓，分別為曾經是流浪貓的母貓，以及牠的貓兒子，可能是曾經在外流浪的關係，那隻母貓幾乎什麼都吃，剩飯也可以接受。雖然大家都說「貓咪很挑嘴，吃飯習慣小口小口慢慢吃」，但這兩隻貓卻是我一擺出貓碗，就會像狗狗一樣立刻衝過來，然後大口大口吞下！所以當時我對於自製鮮食很有信心，覺得一定也會馬上被吃光光的。

剛開始我是把水煮的雞里肌肉，連同煮汁一起放在乾飼料上面來餵。貓媽媽是全部吃光了，但貓兒子卻不賞光，大概是不喜歡乾乾淋上湯汁後濕濕的口感吧，牠每次吃到一半就會用不滿的表情看著我，然後就不吃了，在這個空檔，貓媽媽就會把貓兒子的剩飯全部吃掉，像這樣的情況不斷發生。所以後來在我家演變為先餵自製鮮食，等貓咪們吃完之後，再把適量的乾飼料放在別的盤子來餵。

◎吃鮮食後的改變

從我開始自製貓咪鮮食到現在，也有超過半年的時間了。最受我家貓咪歡迎的鮮食餐，是用水煮後切細碎的豬肉和雞肝，拌入花椰菜或蕪菁葉碎末，最後撒上生蘿蔔泥跟黑芝麻。我發現，牠們開始吃鮮食大約一週後，微胖的體型開始變得結實。以前餵乾乾時，牠們都會超快速地吃完，然後發出「再給我吃」的喵嗚聲，但因為鮮食含有較多水分，看起來分量會多一些，貓咪也會花比較久的時間進食，似乎比乾飼料來得有飽足感。

另外，我家的貓媽媽和貓兒子都是長毛的混種米克斯，當牠們開始吃

今天的美味鮮食餐：水煮豬肉、蘿蔔、白菜和生蘿蔔磨泥，最後再淋上煮汁。

我家的貓媽媽每次都吃到連一滴湯汁都不剩！

鮮食後，長長的毛變得蓬鬆有光澤，摸起來的觸感也改變了，外表整體變得非常漂亮。

◎能持續自製鮮食的祕訣

總之就是不要勉強，只在能力所及的時候做。雖然我家貓咪什麼都吃，但持續吃一樣的東西，牠們還是會吃膩。與其每天都提供100%鮮食，不如今天在乾飼料中加一點鮮食作為配料，週末才全部吃鮮食，我覺得多一點彈性和變化，自在隨心地去實踐就好。

◎對於自製鮮食的擔憂

比較在意的還是營養比例的部分，一方面是因為貓兒子以往都以乾飼料為主食，所以只要持續餵100%鮮食超過 2 天，牠就會開始惡作劇般地咬塑膠袋或繩子，我猜或許是因為飲食的變化對牠造成壓力了。至今，因為貓兒子的飲食習慣，所以我家還是沒有達到每餐都100%鮮食的程度，而是採取和飼料並用的方式。

◎自製鮮食的好處

只要在廚房做菜，兩隻貓咪就會喵喵喵地集中過來。在我切肉或是用手撕肉時，牠們會迫不及待的伸長身體站起來，用手碰砧板，第一次看見這個情形時，我真的很驚訝，牠們似乎很期待吃飯呢。因為發生這樣的事，讓我覺得一定是鮮食餐讓貓咪更有活力的關係。

每天觀察牠們吃的情況，並且逐漸調整餵食的量，也是讓我感覺到和動物們共同生活的樂趣之一。

我家貓咪的鮮食實況筆記②

好吃之外還能增加水分攝取

米克斯　14 歲（公）

東京都　T 小姐

為挑食的高齡貓咪做的，利用簡單食材就能完成的鮮食餐。
多一天也好，希望牠能在我身邊更久一些～

◎**很挑食的老貓**

我家的拳太郎 14 歲了，已經是老爺爺級的貓，但好奇心還是很旺盛，只要有人站在廚房，就會跑過來聞聞食材的味道。這個時候，我會把手中的調理碗遞給牠，讓牠聞個夠。

牠對食物的喜好也很明顯，聞了味道後發現是不感興趣的東西，就會很果斷的離開，但如果是喜歡的東西，就會使勁地把身體往前湊過來。

◎**喜歡簡單的肉食**

比起複雜精緻的食品，牠更喜歡保留食材口感的簡單鮮食。不過，牠幾乎沒有喜歡的蔬菜，尤其討厭青椒、小黃瓜這類菜味明顯的。至於肉，牠喜歡雞和魚，討厭豬和牛。

因此，我都餵牠水煮的雞里肌肉，或是烤過的魚肉、魚皮及原味炒蛋等，都是單純把食材加熱就能吃的東西。因為能使用的食材很少，所以也會給牠市售乾飼料或濕飼料。

◎**鮮食餐和乾飼料並行也OK！**
　多少能補充水分

自己親手做貓鮮食的好處就是，可以自然地幫貓咪增加水分攝取量。例如水煮雞里肌肉，我會把煮汁也一起加進貓碗裡。給牠魚的時候，也會稍微加一點溫水，這樣一來牠就會連湯一起吃得一乾二淨。所以，雖然另一半用的是乾飼料，但因為攝取的水量增加了，應該多少能幫助預防罹患腎臟疾病吧！為了讓拳太郎健康又長壽的活下去，每天為牠準備鮮食，是我能做到的小小事。

CHAPTER

4

讓貓咪保持活力的生活重點

讓貓咪活力滿滿的三大關鍵

貓咪和人，其實很像呀。

讓牠吃得健康、睡得安穩之外，

貓咪的心理狀態也是飼主需要注意的，

記得撥出時間陪牠玩、說說話，讓牠感受到你的陪伴。

第一是吃，第二是睡眠

前面提到，對動物而言最重要的就是「吃」，如果在飲食上得到滿足，心情就會平靜，而且進食的過程能夠刺激貓咪的感官，可以滿足牠們的好奇心。

其次就是「良好的睡眠品質」，如果能睡得好，就能有活力地度過每一天，何況是大半時間都在睡覺中度過的貓咪，更是如此。成貓一天約需要 14 個小時左右的睡眠，但是在這之中，只有大約 3 個小時處於熟睡狀態。因此，當貓咪在睡覺時，請儘可能讓牠舒適地、不被打擾地休息。

適時和牠互動

現代人飼養的貓咪大多在屋裡度過一生。雖然不能自由移動，卻也相對安全許多。這一點對貓咪來說是否幸福，存在著各式各樣的觀點，但在貓咪全天都待在家中的情況下，更需要重視精神層面的照顧，也就是，飼主的關心變得更加重要。

在和貓咪相處的過程中，慢慢學習、拿捏，牠這時候是需要你的關心呢？還是需要你放任一下？必須透過互動才能瞭解。不需要時時刻刻關注貓咪的狀況，這反而會造成牠的壓力。如果能讓貓咪無論是在自己單獨度過的時間，或是和你一起度過的時間，都能生活得很自在，那麼牠的身心都會很健康。慢慢找到和牠幸福共處的方式吧！

影響貓咪健康的 3 大面向

吃

不只是食物的品質，規律飲食也很重要。例如餵的分量、時間點，儘可能固定下來，餵牠吃飯時，和牠說點話會更好。

睡

調整環境，創造能讓牠舒適好睡的空間吧。貓感到舒適的氣溫，大約比人類舒適的溫度再高 2℃。冬天時，準備能讓牠鑽進去的毛毯類物品；夏天時，比起吹冷氣，更要重視通風。另外，在家中多準備幾處能讓牠好好睡覺的地方。

玩

對於被養在室內的貓咪來說，運動對心理和身體都相當重要。晚餐後的一段時間，或是飼主回家後的 30 分鐘等，訂好時間陪牠玩，就像是在培養牠運動習慣一般。在和牠一起生活的過程中，慢慢學習讀懂貓咪「想要你陪我玩！」的訊號。

我的貓咪健康嗎？

貓咪無法告訴你自己的身體狀況，

所以為了能及時發現異狀或不適的徵兆，

可以透過記錄貓咪健康日記來鍛鍊觀察力，

對於瞭解貓咪吃鮮食的前後變化也很有幫助。

貓咪習慣隱藏自己的不適

　　隱藏身體不適的狀況，以避免在野生世界中被天敵襲擊，這可以說是所有動物的習性。但是，當貓咪成為我們的家庭夥伴，發現這個被隱藏的不適，就是飼主的責任。如果能夠每天進行重點觀察，就能早一步讓貓咪接受治療，尤其是腎衰竭或糖尿病這類會逐漸侵蝕貓咪健康的慢性病。另外，在餵貓咪吃鮮食時，觀察牠吃飯的方式，甚至便便、尿液、毛髮狀態等，都是了解身體狀況的重要暗號。

寫下貓咪健康日記

　　貓咪健康日記，有助於獸醫的診察以及飼主觀察力的培養。我們可能不容易發現貓咪今天和昨天有什麼不同，但如果能簡單記錄牠每天的狀態，例如「今天拉肚子了」、「吃了這個食材後，很有活力」等等，就有助於獸醫師更瞭解貓咪的狀況，當貓咪出現異常時，飼主也更有機會留意到。

　　「貓咪健康日記」要記錄很多數據嗎？其實，並不需要寫得很仔細，參考右頁的範例，簡單記錄「吃了什麼、吃的狀況、尿液和排便、體重」即可，這樣一來也比較容易持之以恆。在給獸醫看診的時候，簡單的記述可以幫助醫師更快掌握狀況。如果覺得每天記很困難，可以改為在貓咪和平常不太一樣的時候再記錄，這也是 OK 的。

貓咪健康日記這樣寫

日期和天氣

天氣會影響貓咪的身體狀況。此外，天氣也可以成為飼主回想當時情況的線索。

進食狀況

記錄貓咪吃了什麼、吃了多少量、吃得起不起勁等。如果順手記錄牠喜歡的食材或吃剩的食材，對開發新菜單也很方便。記下牠喝的水量會更好。

---

12 月 20 日（五）　雨天（從傍晚開始變冷）

〈早〉　在乾乾上放一點鮮食　○鱈魚
　　　　　　　　　　　　　　○花椰菜
　　　　　　　　　　　　　　○紅蘿蔔

➡ 吃光光。好像很喜歡鱈魚？

〈晚〉　什錦雞　○雞胸肉
　　　　　　　　○紅蘿蔔
　　　　　　　　○花椰菜
　　　　　　　　○南瓜
　　　　　　　　○柴魚

➡ 只吃了一半，中途還催討乾乾吃。

〈尿尿〉　早上、傍晚
〈便便〉　早上（最後大出來的有點軟軟的）

memo
　○沒有眼屎了。
　○毛髮好像有一點油油的？

〈體重〉　5.7kg（±0kg）

排泄情形

記錄排便次數、看起來的樣子、味道等。尿液則偶爾記就可以，但尿量或顏色都要記下來。可參考下一頁。

體重

以一週一次、兩週一次，或一個月一次的頻率來記錄。只要能了解長期的變化就OK。如果能拍張照，會更容易觀察到體型的變化。

其他

例如：今天很有活力、今天很安靜、有很多眼屎、睡得特別久、剪了指甲等等，都可以。如果有嘔吐的狀況，要記下嘔吐物的內容。

大便和尿液的觀察重點

貓咪排泄物的確認，是最容易做到的每日健康檢查。

排便和排尿的狀況，不只會受到食物影響，

也暗藏著身體或心理不適的密語。

在清理貓盆的時候順道確認吧！

膳食改變時，便便狀態也會改變

一旦貓咪開始轉食，例如，從穀物含量較多的市售飼料換成自製鮮食時，首先是貓大便的顏色會變黑、味道也會比較臭，是正常的。這是因為當飲食出現變化，腸道會需要一段適應期，除了大便的形態改變，貓咪也可能會出現拉肚子或便秘等情形（參考 P.84），不過，會逐漸穩定下來。

排泄物隱含的健康訊號

貓的大便，重點在於觀察「顏色、味道、量、硬度」。貓咪排便次數通常是一天一次，或是兩天一次。如果達到四天都沒有排便時，代表貓咪便秘了。如果在飲食上下工夫也不見改善，請帶牠去動物醫院通便，或是接受浣腸。

貓的尿液，重點在確認「顏色、味道、量、次數」。利用寵物尿布墊來確認，或是用湯勺之類的東西去接尿，偶爾確認一下。顏色如果是淡黃色就可以放心了。排尿次數會因攝取的水量而定，不過通常是一天 1～3 次。當排尿次數多、量卻很少，或是次數正常、尿量也很多的時候，都可能是貓咪出現健康問題的徵兆，就要帶牠去給獸醫診察。

Check！從排泄物瞭解貓咪狀態

便便的顏色

◎如果是明亮的棕色～深棕色就 OK。肉類吃得越多，便便會越黑。
△便便太黑，有可能是小腸出血；當便便帶有鮮血，則從大腸後半段至肛門附近出血的可能。便便白白的，代表胰臟或膽囊出現異常；便便綠綠的，可能是消化道出現問題。

便便的硬度

◎如果保持圓筒狀，光澤漂亮，水潤水潤的就 OK。
△若是平平的攤開來，就是拉肚子了。如果是圓滾滾、很短的大便，可能是水分不足引起便秘的徵兆。

便便的味道

◎味道臭臭的是正常的。
△明明沒有換食物，味道卻變了，可能表示身體出現問題。

便便的其他狀況

△如果便便混合了未消化的東西，要改變調理法或餵食方式，再觀察狀況。也可能是因為貓咪誤食東西。
△混合了白白的東西或者會動的生物，很有可能是寄生蟲，請帶牠去動物醫院驅蟲。
△附著果凍狀的東西，可能是腸子發炎，才會比平常排出更多的黏液。

尿尿的顏色

◎淡黃色是 OK 的。
△顏色太淡時，可能是慢性腎臟病或糖尿病使尿量增加的徵兆。白白而混濁的尿，有可能是膀胱炎引起；橘色的尿，則有肝衰竭的疑慮；紅色的尿是血尿，從慢性膀胱炎等輕症到腎臟病等重症都有可能，請帶牠去給獸醫診察吧。

尿尿的味道

◎味道臭是正常的。
△明明沒有換食物，味道卻變了，就可以合理懷疑牠的身體出狀況。例如比平常更臭，則有膀胱炎的可能。如果是沒有味道，可能是因為慢性腎臟病或糖尿病讓尿液的濃度變稀，也要特別注意。

尿尿的量

◎貓咪每 1kg 體重的一日排尿量為 18ml～20ml，以此類推，如果是 4kg 成貓，那一天尿量就是四倍，也就是 72ml～80ml。
△貓咪只要一天無法排尿，就會有生命危險，請儘速帶牠去看診。

尿尿的其他狀況

△尿尿中混著閃閃發亮、像砂一樣的東西，則有尿道結石的可能。

在家就能幫貓咪做的身體保健

只要在平常的撫摸中加上一些小技巧，
利用簡單的按壓就能幫助貓咪常保健康。
推薦在自己和愛貓都很放鬆的狀態下進行。

經絡穴道按摩

「經絡」在中醫觀點中，是指讓身體的「氣、血、水」運行的通路。「經絡穴道按摩」就是藉由刺激穴道，來調整身體狀態。幫貓咪按摩前要先讓手部溫熱，指尖不要太用力，力道控制在讓牠會出現很陶醉的表情的程度，溫柔地按摩吧。

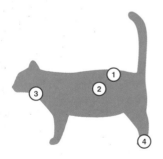

把手指放在穴道上，一邊數著「1、2、3」，一邊用貓咪不會感到痛的程度，慢慢地加強力道，接著再一邊數著「1、2、3」來放鬆力道。一個穴道按壓 3～5 次。

① 腰部百會穴

具有防止老化、消除壓力、整腸的作用。按壓貓咪骨盆最寬處和背骨的交會處、手指可以最深入的部位（按 3～5 次）。

② 腎俞穴

對防止老化、腰痛，以及腎臟等泌尿器官問題有幫助。按壓處為從最下面的肋骨開始數的第 2 節的兩側（按 3～5 次）。

③ 肩井穴

可以改善肩膀僵硬。貓咪舉起前腳時，在肩膀的內側可摸到的穴道就是肩井穴。用你的食指、中指、無名指這 3 根手指輕輕地按壓（兩腳各按 3～5 次）。

④ 湧泉穴

對減重有幫助。在貓咪兩隻後腳腳底的最大肉球靠近腳後跟處。用你的姆指往貓咪腳尖的方向按壓（兩腳各按 3～5 次）。

淋巴按摩

淋巴的功能是排除體內的老廢物質。藉由按摩淋巴，有助於老廢物質隨著淋巴流動，可以提高免疫力、消除疲勞與肩膀痠痛、減輕壓力等。和穴道按摩一樣，請用溫熱的手來進行。

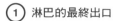

① **淋巴的最終出口**

在淋巴的最終出口，即左肩胛骨的前緣，從上往下搓揉按摩（按6次）。

② **背部**

從頭往屁股方向輕輕搓揉按摩（按10次）。

③ **頸部淋巴結**

從貓咪耳朵根部往淋巴的最終出口，由上往下搓揉按摩頸部淋巴結（按6次）。

④ **背部**

將你的手掌拱起，從貓咪脖子的根部往屁股，碰碰碰的輕拍背骨的兩側，以刺激內臟的穴道（按6次）。

⑤ **腋窩淋巴結**

在貓咪兩隻前腳的腋下有腋窩淋巴結。輕輕搓揉按摩（按6次）。

頸部淋巴結

腋窩淋巴結

淋巴的最終出口

一開始要先打開淋巴的最終出口（①），接著搓揉按摩背部，讓滯留的「氣」流動（②）。之後，再搓揉頸部淋巴結或腋窩淋巴結（③或⑤），或是刺激穴道。

草本植物球按摩

———

草本植物球按摩法,是在泰國或印度等國的傳統醫療。將多種草本植物包在布裡,綁起來做成球狀,經過加熱後壓貼在身上,使身體慢慢溫熱起來,有助於放鬆僵硬的肌肉、調整自律神經、荷爾蒙,以及緩解肌肉疲勞、改善身體冰冷。

使用方法

使用貓用的草本植物球。按照說明書指示,將溫熱的草本植物球壓貼在貓咪身體上,讓熱度確實傳達到身體,漸漸暖和起來後,再一邊壓貼、一邊緩慢搓揉按摩。

*草本植物球相關資訊:Floralsmile
https://floralsmile-animalherbs.com

① 脖頸

將草本植物球壓貼至脖頸變溫熱後,再慢慢搓揉按摩貓咪背骨附近的肌肉。

② 由脖子根部往喉嚨按摩

先壓貼在脖子根部,等熱度傳到身體後,再慢慢往喉嚨移動,搓揉按摩幾次。

③ 肚子

壓貼在肚子上,以順時針方向慢慢移動。貓咪便秘時,可以藉由大大地畫「の」字來改善。拉肚子時,則以逆時針方向畫圈按摩。

貓咪的口腔保健

貓咪雖然不會蛀牙，但當牙周囊袋上有結石累積，就會形成牙周病。刷牙時，以貓咪的臼齒為清潔重點，盡量連前面的門齒、犬齒都刷一刷，就能降低牙周病的風險。

首先要確認，如果貓咪的牙齦、牙肉已經發炎了，請停止刷牙，直接帶貓咪去給獸醫師診療。

要準備的東西

●牙刷
●寵物用牙膏
●面紙
●水（放在小碟子）

寵物用的牙齒保健用品，除了牙刷、牙膏以外，還有各式各樣。其中，要特別介紹包裝上有 VOHC 標章的產品，代表是由美國獸醫口腔健康委員會（Veterinary Oral Health Council）所認證，確實對處理牙垢、牙結石問題有效的產品。

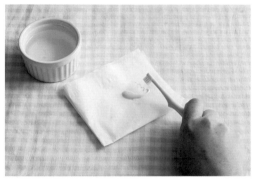

P.114-115 參考著作：1 日本寵物按摩協會監修之《ねこちゃんのリンパマッサージ》（暫譯：貓咪的淋巴按摩）；2 石野孝、澤村 MEGUMI、春木英子、相澤 MANA、小林初穗所著的《ペットのための鍼灸マッサージマニュアル》（暫譯：寵物專用的針灸按摩指南）。

先在面紙上擠少量的寵物用牙膏。以水沾濕牙刷後，沾取一點牙膏，開始幫貓咪刷牙。先刷一次，再用小碟子中的水把牙刷洗乾淨，接著再刷一次。

讓貓咪健康長壽的 10 個小祕訣

一起生活的貓咪，就像我們的家人一樣，
留意以下的小祕訣，可以讓牠生活得健康又愉快。

tip 01　水要放在貓咪常待的地點旁

貓咪出乎意料的懶。如果必須離開待得舒服的位置、到很遠的地方才喝得到水，就算喉嚨有點渴，牠也會寧可忍著。為了增加牠攝取的水分，要到處放置水盆或給水器具，特別是在貓咪平常睡覺的地點附近。

tip 02　給牠可以接觸戶外的機會

貓咪待在家裡很安全，但也很無聊，長時間下來還會累積壓力。如果貓咪可以看到外面景色，心情就會比較好。另外，只要能夠做好防護措施預防貓咪從對外窗溜走，不妨偶爾打開窗戶，或是帶牠去陽台，為牠製造接觸外面空氣的機會，有助於貓咪的心理健康。

tip 03　多設置幾個讓貓咪能舒服窩著的地方

因天氣或心情等變化，貓咪想窩著的地點也會改變。在家中設置好幾個可讓貓咪舒服睡覺或是能躲起來的地方吧。

隨著一天的日照移動，屋內可以曬到太陽的地方也會改變。為了讓貓咪可以自由移動，建議稍稍打開房門，或是裝設貓咪專用的門。

除此之外，貓咪也很喜歡上下移動，可以放置貓跳台，或試著在牆壁安裝層板，家具的擺設也能做點巧思設計，讓牠多一點樂趣。

tip 04　避免貓咪誤吞、誤食異物！

貓咪會去咬任何牠感興趣的東西，像是繩子、針、橡皮筋、藥丸等，但這些物品對貓咪而言是危險的。此外，有些植物如百合、水仙、繡球花、風信子都具有毒性，要避免貓誤食。最後一點是，因為貓會頻繁地理毛，因此要注意家中使用的精油香氛產品，若附著在毛上面，即使是微量，也可能造成危險。

tip 05　小心！貓咪也會中暑

貓咪雖然很怕熱，但適宜的溫度比人類還要高 2℃。請小心冷氣不要開太強，儘量幫貓咪製造不會直接吹到冷氣或電風扇的空間。此外，由於貓咪也有中暑的風險，如果夏季白天時，貓咪會被長時間獨留在家裡，記得讓牠待在陽光不會直射的空間。

tip 06　使用寵物專用的保暖電器

人類用的電毯或暖桌，如果和貓共用，可能會造成貓咪低溫燙傷或脫水，必須使用寵物專用的產品。另外也要注意，電暖器的位置如果太靠近貓咪，也可能會造成燙傷。如果很擔心貓咪會有危險，可以改在貓窩裡放熱水袋來取代電器產品。

tip 07　留意貓盆的大小、放置的場所

貓砂盆的大小，以貓咪體長的 1.5 倍最為理想。例如貓咪體長如果是 40～50cm，就要選擇 1～1.5m 的貓砂盆。另外，排泄是動物最沒有防備的時候，為了讓貓咪能安心排泄，請把貓砂盆放置在讓牠能感到放心的地點。

tip 08　貓砂盆要保持乾淨

貓咪是愛乾淨的動物，因此，一天至少要清理一次貓砂盆。貓咪有可能因為貓砂盆內太髒，而選擇到其他地點排泄，結果可能造成家具的損壞，或者牠會忍耐著不排泄，對健康造成影響。此外，由於貓咪的排泄物很臭，建議將貓砂盆放在通風好的地點。

tip 09　餵牠吃貓草

推薦飼主餵貓咪有機的貓草，貓草含有纖維質，可幫助貓咪排便順暢，還能刺激貓咪吐出因理毛而累積在消化道的毛球。餵小麥草也可以達到同樣效果。不過，也有貓咪對貓草不感興趣，所以不必勉強餵牠，即使不吃也沒關係。

tip 10　一年做一次健康檢查

貓咪罹患疾病的時間點，往往比飼主想像的來得早。定期健檢，就能夠及早發現和治療。即使是健康的貓，也必須一年一次到動物醫院接受健康檢查。如果是高齡貓，則建議半年接受一次檢查。在醫生問診時，貓咪健康日記（參考 P.110）就能派上用場。

大家都想知道的貓咪鮮食餐Q&A

雖然知道吃鮮食對貓咪的身體好，

但難免有些疑惑與不安，

在此一併解答大家的疑問。

Q1

自製的貓咪鮮食餐，

真的能提供牠充足的營養嗎？

\/

 重點是利用多種食材，
再搭配營養黃金比例製作。

　　自己做的鮮食，也可以提供貓咪完整的營養嗎？會感到不安是難免的。日本有「人一天能攝取到 30 種食材就能長壽」的説法，對於貓咪的飲食而言，也是相同的道理，如果貓咪會吃鮮食，也會吃飼料，就能獲得更豐富多元的營養。

　　自製鮮食有兩個重點，第一是，要掌握貓咪的飲食營養黃金比例（參考P.21）。只要每天的飲食營養比例按照：蛋白質80～90%、蔬菜 10%、穀類0～10%，就能避免失誤。第二個重點是盡量活用多種食材，可以參考P.32～38。

　　另外，在貓咪開始吃自製鮮食後，最重要的是要好好觀察牠的狀態。有沒有好好吃飯呢？排泄狀況如何？以兩週為一段觀察期，看看牠是否變瘦或變胖了？再調整為最適合牠的飲食和分量。剛開始吃鮮食的貓咪，可能會有拉肚子的情形，但如果這個情形持續2～3天，或者出現過敏或以往從未出現過的樣子，就要帶貓咪去看診。

貓咪是肉食性,
還需要吃蔬菜嗎?

A <u>吃蔬菜是為了攝取維他命及膳食纖維。</u>

　　貓咪的腸子偏短,是肉食性動物的特徵,這導致貓咪不擅消化蔬菜和穀類。因此在自製鮮食時,一定要把蔬菜煮熟、煮軟,並以泥狀或碎末狀的形式來餵。如果牠無論如何就是不吃蔬菜,不必勉強牠,蔬菜的營養素中,維他命的部分可以改由肉類補充,膳食纖維的部分則可以利用貓草替代,一般貓咪對貓草的接受度會比較高。

換成吃自製鮮食後,
貓咪好像變瘦了?

A <u>自製鮮食因為含水分較多,與相同體積的飼料相比卡路里更低。</u>

　　乾飼料的水分含量大多小於 10%,而自製鮮食因為水分含量多,所以比起相同體積的乾飼料,鮮食的卡路里比較低,所以攝取鮮食的貓咪會變瘦是自然的。本來就是標準體重的貓咪,如果變瘦了,可以稍微增加餵食的量,或者調理時不要把脂肪或皮去掉,或是添加一點點油等等,透過這些方法來幫貓咪增加攝取的卡路里。

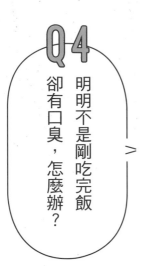

Q4 明明不是剛吃完飯卻有口臭，怎麼辦？

A 貓咪可能罹患了牙周病。

當貓咪有口臭或流口水、牙齦紅腫甚至出血的症狀，可能就是罹患牙周病。當症狀嚴重時，貓咪會因為牙齦太疼痛，出現食欲不佳、吃得很痛苦的樣子。如果口腔內的細菌藉由血液擴散，就可能會侵襲腎、心、肝等器官，引起更多疾病。因此，除了立即給獸醫檢查之外，日後一定要養成幫牠刷牙的習慣。

A 可能是腸道環境產生變化而造成的。

拉肚子是貓咪轉換食物而引起的暫時性反應之一。發生時，為了避免造成脫水，要注意水分的補給並觀察狀況。如果是暫時性的，也要注意可能是食材不新鮮的問題。如果症狀嚴重，請立即帶牠去給獸醫診察。

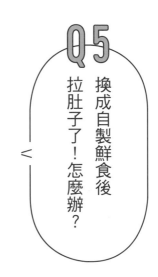

Q5 換成自製鮮食後拉肚子了！怎麼辦？

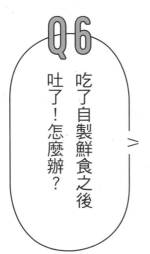

Q6 吃了自製鮮食之後吐了！怎麼辦？

A 如果貓咪還是一派輕鬆的樣子，就不用擔心。

就算是吃日常習慣的食物，貓咪有時候也會出現一口氣吃掉後，馬上又把食物完整吐出來的情況。如果只是吐出食物，看起來並無異常、一副「不當一回事」的樣子，就表示沒什麼問題，較有可能是食材和體質不合，或是放了牠不喜歡的食材。可以先觀察後再調整食材。但是若嘔吐情形持續好幾天都沒有趨緩時，務必帶去讓獸醫診察。

貓咪會不會因為改吃鮮食
而引起食物過敏呢？

\/

基本上不會因為改吃鮮食而突然引起過敏。

　　容易造成貓咪食物過敏的食材是牛肉、雞肉、蛋、乳製品、大豆等。不過，在市售寵物食品中也會使用這些食材，如果是對這些食材過敏的貓咪，應該早就已經出現症狀了。雖然也有過敏體質專用的寵物食品，但如果能知道致敏原因，就能在製作鮮食時避開。飼主能利用各種食材來製作鮮食料理，才是讓貓咪不容易過敏的關鍵。

不要餵貓咪吃「點心」
比較好嗎？

\/

避免卡路里過量就可以。

　　如果讓貓咪既吃正餐、也吃點心，因為全都含有卡路里，就很有可能發胖，所以要做取捨，以避免貓咪過胖而影響健康。例如，給點心的那一天，就要減少正餐的分量。另外，可以把點心時間當成貓咪和飼主互動的時間，在餵點心時逗弄牠一下，讓牠活動活動身體也很好。

一次看懂貓飼料營養標示

已經提供貓咪優質的鮮食，卻忽略飼料的選擇就太可惜了，在沒辦法提供 100%鮮食的時候，懂得選購安心的市售產品是很重要的。確認以下幾個重點吧！

❶ 綜合營養貓糧

＊「綜合營養貓糧」是指當成貓咪主食的飼料。標示為「零食」的都不能作為主食用。

❷ 適用的年齡或目的

＊記載著適用的年齡或目的。除了有對應全年齡（所有年齡階層）的產品以外，還有幼貓用、成貓用、高齡貓用、懷孕、授乳期用等等，高齡或生病等需要特別營養素的時期，記得配合獸醫師的指示。

❸ 原料

＊會依含量由多到少排列。

＊貓飼料以肉（或魚）排序在越前面的越好，表示此類原料的比例最高，但如果有「肉類」、「家禽類」等曖昧的標示，有可能是使用了品質不良的肉（例如加工肉品），務必選擇具體寫出「雞肉」、「火雞肉」、「鮭魚」等有清楚標示的產品。

＊對於會過敏的毛小孩，記得先確認是否含有過敏原。

❹ 添加物

＊注意食品以外的添加物，選擇添加物少、不含危險添加物的產品。

＊屬於抗氧化劑的「乙氧基喹因」是禁止對人使用的添加物，「BHT」、「BHA」則有潛在致癌可能。

＊人工合成色素的「紅色 2 號、3 號、40 號、104 號」被認為有致癌可能。「藍色 1號」、「黃色 5 號」可能造成過敏。

❺ 營養成分分析

＊蛋白質比例較高的產品，較適合貓咪食用。

❻ 餵食量

＊標示著依體重區分的建議餵食量。可參考該建議量和自家貓咪的體形來餵食，或者按照卡路里標示（❼）推算出必要的量。

❽ 製造日期

＊確認保存期限是否快到了，盡量選擇新鮮的產品。在網路購買時，要挑選可以查詢製造日期等資訊的值得信賴的網站。

食材索引 INDEX

*（　）是在 CHAPTER2「貓咪喜歡且適合的食材」中解說的頁數。

◎肉／魚類、蛋

鰹魚 ― (34),63

鮭魚 ― (34),62,65,68,88,96

鱈魚 ― (34),64,95,98

竹筴魚 ― (34),88

鮪魚 ― (34),102

鯖魚 ― (35),87

柴魚 ― (35),57,64,66

鰤魚 ― (35),90

小魚乾 ― (35)

小魚乾粉 ― 54,57,64／小魚乾粉湯 ― 95,102

雞里肌肉 ― (33),64,102

雞胸肉 ― (33),71

雞腿肉 ― (33),66,94,96,101

雞肝 ― (33),73,93

雞骨架 ― 56／雞湯 ― 99

牛腿肉 ― (33),93

豬里肌肉 ― (33),93,100

絞肉 ― (35),69,90

羔羊肉 ― (35)

蛋 ― (35),63,96,99

◎蔬菜、海藻類、菇類

秋葵 ― 100

蕪菁 ― (37),63,69,90,96

南瓜 ― (36),63,66,88,93,96,98,101

彩椒 ― 100

奇異果 ― 70

小黃瓜 ― (37),96

小松菜 ― (36),62,68,88,96,98

地瓜 ― (37),72,90,94

食材索引 INDEX

芋頭 ─ (37),72,95

白蘿蔔 ─ (36),87,93,95

山藥 ─ (36),90,102

紅蘿蔔 ─ (36),63,64,66,69,88,93,98,102

羊栖菜 ─ (38),68,88,90,93,94

花椰菜 ─ (36),54,62,63,64,66,88,93,98,102

菠菜 ─ (37),87,102

萵苣 ─ 90

蓮藕 ─ 94

香菇 ─ 93,96

鴻喜菇 ─ (37)

舞菇 ─ (37),101,102

薑、薑粉 ─ (38),87

◎穀類

白米飯 ─ 68,96

◎油脂、豆類、奶類、其他

海苔粉 ─ (38),54,69,98,101

豆渣 ─ (35),102

橄欖油 ─ 54,69

牛奶 ─ (35),54

黑豆 ─ 102

芝麻 ─ (38),54,63,96

芝麻油 ─ 88,94,99

乳酪 ─ 72

豆腐 ─ (35),96

無鹽奶油 ─ 62,63,73,96

蜂蜜 ─ (38),54,72

味噌 ─ (38),87,90

優格 ─ 70

參考文獻

- 《親手做健康貓飯》（須崎恭彦著／晨星出版）
- 《貓奴必備的家庭醫學百科》（野澤延行著／台灣東販出版）
- 《コンパニオンアニマルの栄養学》（I.H. Burger 著・秦貞子譯・長谷川篤彦監譯／Interzoo）
- 《ペットのためのハーブ大百科》（Gregory L. Tilford & Mary L. Wulff 著・金田郁子譯・金田俊介監修／Nana CC）
- 《犬と猫のための手作り食》（Donald R. Strombeck 著・浦元進譯／光人社）
- 《ナチュラル派のためのネコに手づくりごはん》（須崎恭彦著／Bronze 新社）
- 《かんたん！手づくり猫ごはん》（須崎恭彦著／Natsume 社）
- 《愛猫のための症状・目的別栄養事典》（須崎恭彦著／講談社）
- 《てづくり猫ごはん》（古山範子監修／大泉書店）
- 《お取り分け 猫ごはん》（五月女圭紀著・針山佳子監修／駒草出版）
- 《おうちでかんたん猫ごはん》（廣田鈴著・由本雅哉監修／成美堂出版）
- 《HOME MADE CAT FOOD 猫が喜ぶ手作りごはん》（NECOREPA BOOKS 著／NECOREPA BOOKS）
- 《ペットのための鍼灸マッサージマニュアル》（石野孝、澤村 MEGUMI、春木英子、相澤 MANA、小林初穂著／醫道的日本社）
- 《猫のトッピングごはん》（阿部佐智子著・渡邊由香、阿部知弘監修／藝文社）
- 《自分の手が動物を癒すアニマルレイキ》（福井利惠著・仁科 MASAKI 編）
- 《ねこちゃんのリンパマッサージ》（日本寵物按摩協會監修）
- 《もっともくわしいネコの病気百科 [改訂新版]》（矢澤 Science Office 編／學習研究社）
- 《ねこ検定公式ガイドBOOK 中級・上級編》（神保町喵咪堂著・清水滿監修／廣濟堂出版）

台灣廣廈 國際出版集團
Taiwan Mansion International Group

國家圖書館出版品預行編目（CIP）資料

貓咪這樣吃不生病：人氣獸醫師給貓主子的46道手作鮮食，
日常保健×對症飲食×主僕共餐，讓愛貓幸福長壽！/浴本
涼子作. -- 初版. -- 新北市：蘋果屋出版社有限公司, 2021.10
　面；　公分
譯自：スプーン1杯からはじめる猫の手づくり健康食
ISBN 978-986-06689-4-0（平裝）
1. 貓 2. 寵物飼養 3. 食譜

437.364　　　　　　　　　　　　　110013491

貓咪這樣吃不生病

人氣獸醫師給貓主子的**46**道手作鮮食，日常保健×對症飲食×主僕共餐，讓愛貓幸福長壽！

作　　　者／浴本涼子	編輯中心編輯長／張秀環・編輯／彭文慧	
翻　　　譯／胡汶廷	封面設計／張家綺・內頁排版／菩薩蠻數位文化有限公司	
攝　　　影／安彥幸枝	製版・印刷・裝訂／東豪・弼聖・秉成	
插　　　畫／SANDER STUDIO		

行企研發中心總監／陳冠蒨	線上學習中心總監／陳冠蒨
媒體公關組／陳柔彣	數位營運組／顏佑婷
綜合業務組／何欣穎	企製開發組／江季珊

發　行　人／江媛珍
法律顧問／第一國際法律事務所 余淑杏律師・北辰著作權事務所 蕭雄淋律師
出　　　版／蘋果屋
發　　　行／蘋果屋出版有限公司
　　　　　　地址：新北市235中和區中山路二段359巷7號2樓
　　　　　　電話：（886）2-2225-5777・傳真：（886）2-2225-8052
讀者服務信箱／cs@booknews.com.tw

代理印務・全球總經銷／知遠文化事業有限公司
　　　　　　地址：新北市222深坑區北深路三段155巷25號5樓
　　　　　　電話：（886）2-2664-8800・傳真：（886）2-2664-8801
郵政劃撥／劃撥帳號：18836722
　　　　　　劃撥戶名：知遠文化事業有限公司（※單次購書金額未滿1000元需另付郵資70元。）

■出版日期：2021年10月　　　■初版2刷：2023年9月
ISBN：978-986-06689-4-0　　　版權所有，未經同意不得重製、轉載、翻印。